U0265402

CHINESE INTERIOR DESIGN YEARBOOK

2018 中国室内设计年鉴

主编：李有为

中国林业出版社

图书在版编目（CIP）数据

2018中国室内设计年鉴：全2册 / 李有为主编. --
北京：中国林业出版社, 2018.6

ISBN 978-7-5038-9586-9

Ⅰ. ①2… Ⅱ. ①李… Ⅲ. ①室内装饰设计－中国－
2018－年鉴 Ⅳ. ①TU238-54

中国版本图书馆CIP数据核字(2018)第114364号

中国林业出版社·建筑分社

策　　划：纪　亮
责任编辑：纪　亮　王思源　樊　菲
装帧设计：北京万斛卓艺文化发展有限公司

出版：中国林业出版社
（100009 北京西城区德内大街刘海胡同7号）
网站：http://lycb.forestry.gov.cn
电话：（010）8314 3518
发行：中国林业出版社
印刷：北京利丰雅高长城印刷有限公司
版次：2018年6月第1版
印次：2018年6月第1次
开本：1/16
印张：38
字数：400千字
定价：680.00元（全两册）

目录
CONTENTS

酒店空间

餐饮空间

零售空间

公共空间

住宅公寓

目录
CONTENTS

休闲娱乐空间

办公空间

展示空间

样板间 / 售楼处

别墅空间

Hotel

酒店空间

石梅湾威斯汀度假酒店

项目名称 _ *石梅湾威斯汀度假酒店* / **主案设计** _ *杨邦胜* / **参与设计** _ *陈岸云、田帅* / **项目地点** _ *海南省万宁市* / **项目面积** _ *120000 平方米* / **主要材料** _ *大理石*

海南石梅湾威斯汀度假的酒店坐落于海南“最美”海滩的石梅湾沙滩上，一片有着 4000 年历史的单优青皮林群在海岸线上绵延开来。将“青皮林”的概念引入设计中，将酒店大部分的空间放逐于自然之中，旨在与周围的环境和谐共融，为客人营造置身丛林的独特体验，打造别具一格的海南度假酒店。

大堂以青皮林中高耸入云的千年古树为灵感，在大堂设计了 36 根巨大的混凝土“树干”，并且在“树干”之间架接通道，形成空中回廊，行走其间，别具韵味。宴会厅以富有自然肌理的石材和错落有致的岩石造型营造出自然粗犷的空间氛围，引鉴光线穿过青皮林层层枝叶的意象，打破传统宴会厅天花设计的手法。

本案的大堂近 10000 平方米，挑高 23 米，面对如此巨大的空间，设计师摒弃传统大堂的设计方案，设计全开放式的酒店大堂，引入自然的阳光与空气，扩大了视野与景观空间。并以具有自然肌理的木纹铝板包裹 36 根巨大的混凝土“树干”，具有丰富自然肌理的伊利诺灰自然面及当地的火山石被广泛运用于大堂空间中，花木绿植处处点缀，让人如同置身热带雨林。整个酒店的动线设计也融入了“丛林探秘”的设计理念，从进入大堂开始，到餐厅、宴会厅及客房，一步一景，引人进入丛林秘境，体验丛林探秘之旅。

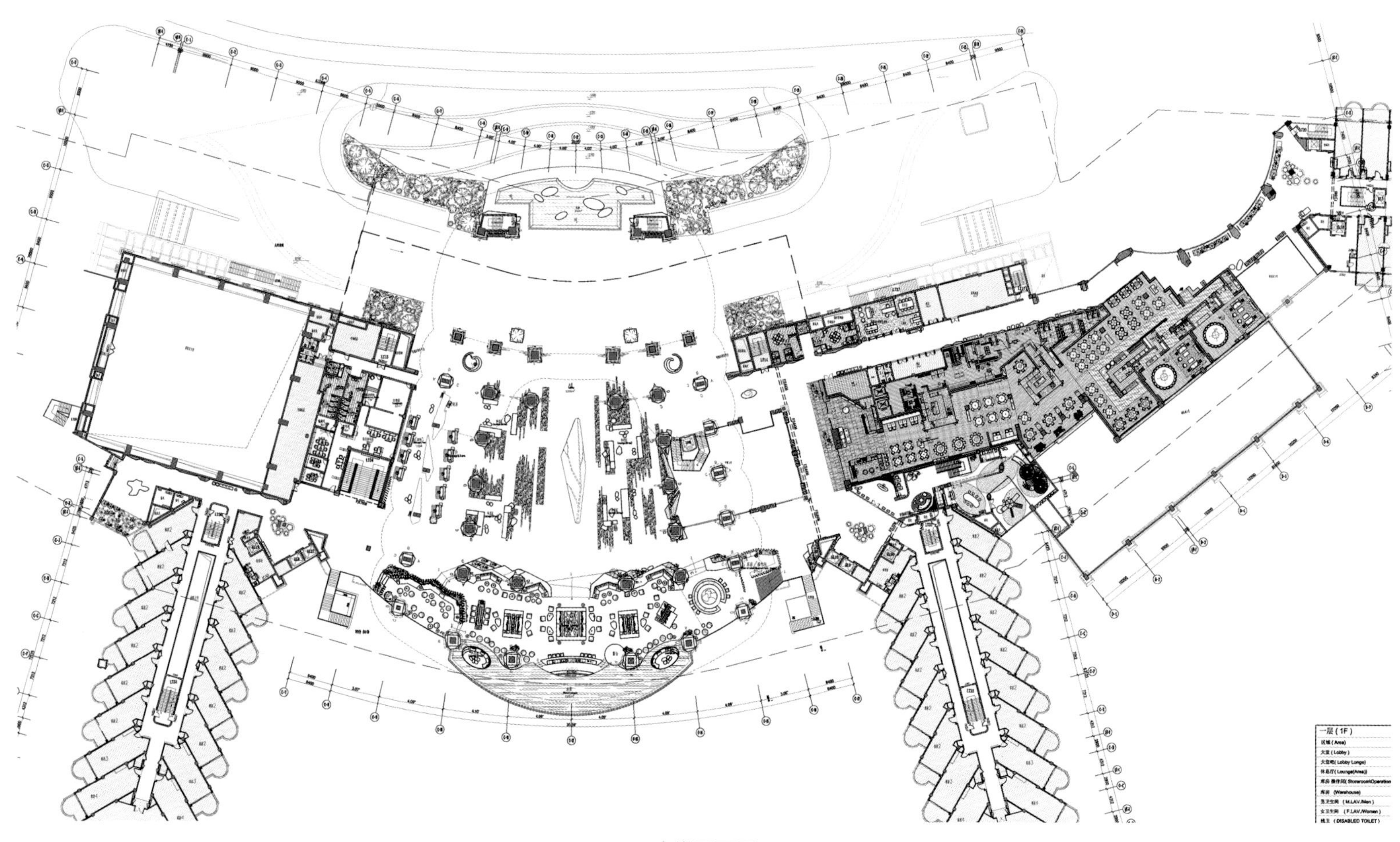
一层（1F）
区域（Area）
大堂（Lobby）
（Lobby Longe）
（Lounge(Area)）
库房（Warehouse）
（M.LAV./Men）
女卫生间 （F.LAV./Women）
（DISABLED TOILET）

大堂平面图

齐云营地景区树屋项目

项目名称 _ *齐云营地景区树屋项目* / **主案设计** _ *许牧川* / **参与设计** _ *宋洪蕾、赵婉恩、陈晓玲、何灵静* / **项目地点** _ *安徽省黄山市* / **项目面积** _ *20000 平方米* / **主要材料** _ *原木*

设计师找到最合适的树干、木板和天然的装饰物，让树木的先天结构与人工的后天结构浑然天成，最后成为一个整体结构，仿佛所有东西天生都应该在那儿，即使进入树屋的里面，也令人感到这只是外部自然世界渗透到里面的结果。相爱的情侣、欢乐的家庭、陪伴的朋友，每一个人都能在这找到最适合的度假方式，找到适合自己的那所树屋。享受空山鸟鸣，余音袅袅。 隐身山林，闲云野鹤的自在生活。

不同的主题，都是由设计师独具匠心地为不同类型的旅客精心打造。以情侣为主题的树屋：树上的屋子，自由的屋子，只属于你和我的屋子，在二人私密浪漫的小世界里，一起抬头，透过天窗数着星星，心之往之；以家庭亲子为主题的树屋：在孩童时代，我们就幻想着能够像卡通片里的人物那样住在树屋里面。我们长大了，带着小孩逃离电子产品的吸引，融入到大自然中，呼吸树林泥土的味道，白天倾听空山的鸟鸣，晚上辨认夜空的星座。

建筑的初衷，是给当代的人们提供一处远离尘嚣的静谧环境。建筑与室内的用材均采用贴近大自然的原木色，与环境融为一体又各具特色。树屋和水泥管房间都设有保温层和加热系统，保证冬季也可以正常使用。

积木

积木

洞房

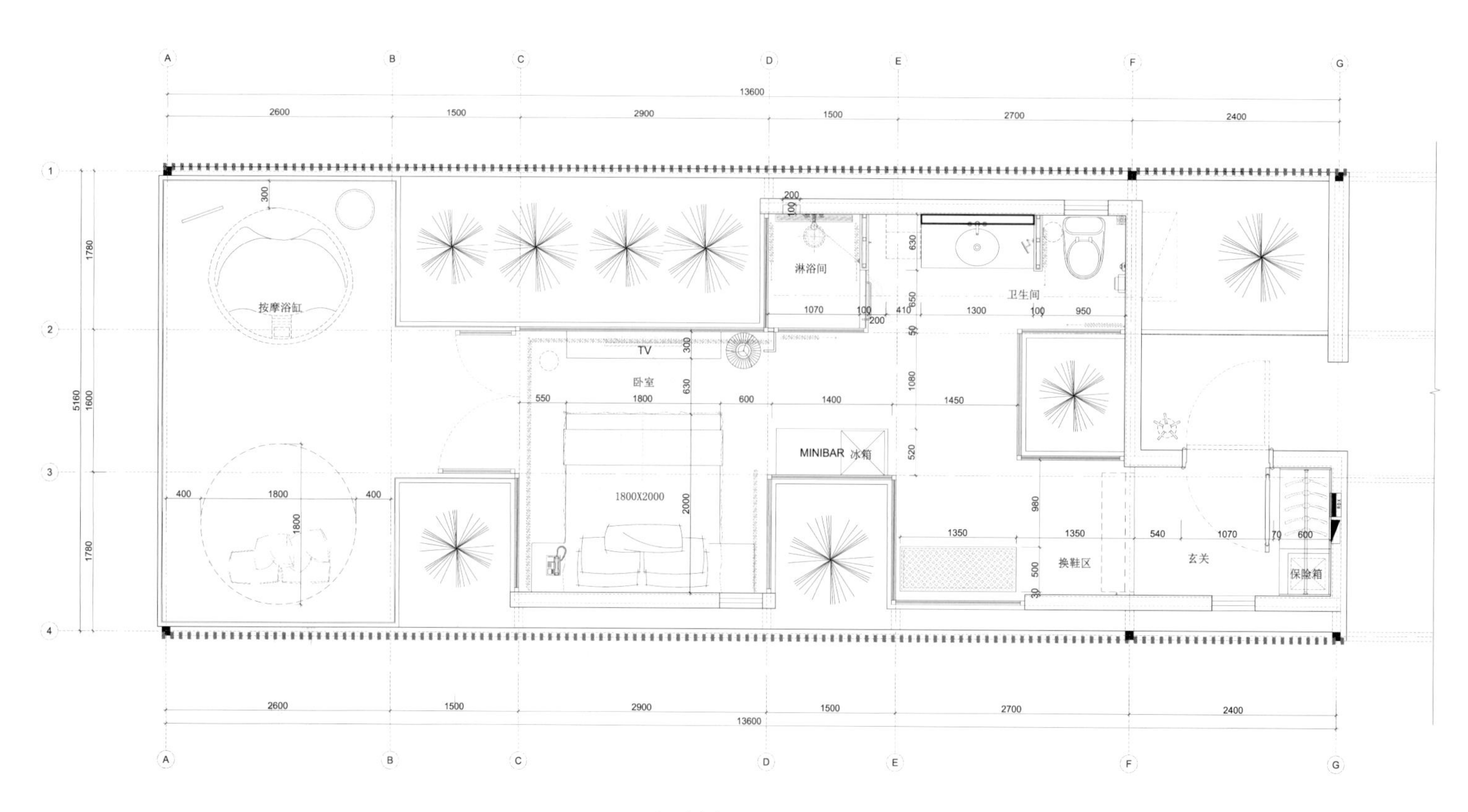

洞房树屋平面图

洞房

洞房

水泥管客房

水泥管客房

绣楼

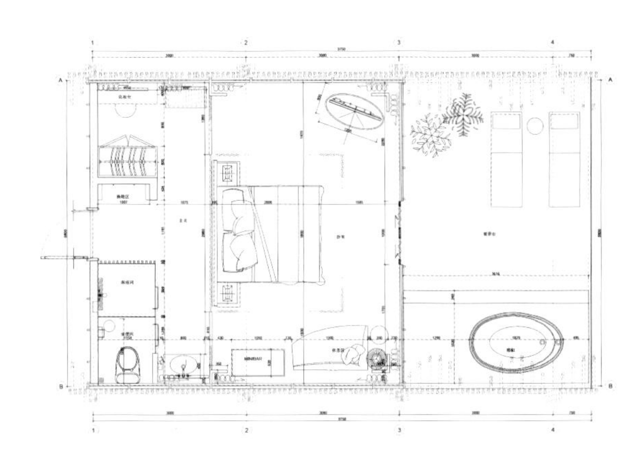

绣楼

装载记忆的货柜

项目名称 _ *装载记忆的货柜* / **主案设计** _ *李肯* / **项目地点** _ *中国台湾* / **项目面积** _ *500 平方米* / **主要材料** _ *不锈钢板*

货柜承载的是一件件从北到南、由东到西的货物；而旅店提供的是一个个往返各地、到处奔波的旅客，这两者的共通点是一个短暂的休憩所。“货柜”V.S.“旅店”将两个不同形式短暂停留的载具结合起来，正是整个 Stories Container 设计的由来。

层层堆栈的货柜造型屋使楼高约达 19 米，在长度约 26 米（包含一楼雨遮）的东面，放置高短宽窄不一的窗户，在设计者的酌量下纳入合宜的光线，另外有一个小小的趣味，在一楼外观的材质刻意选用红黑色仿旧文化石搭配粗犷原始的人造石头营造 Stable 的另一面马厩色系的感觉。

一、二楼设定为旅店的公共空间，除了提供旅客用餐之外同时也是一间对外营业的茶屋。延续从货柜结合旅店的心思，我们并非只是将客房视为一个休憩的场域，空间应该是富含各种表情极具人性的，于是我们创造了八种不同房型，虽然旅店与旅客的关系是短暂的，但我们期待这些短暂的美好时光同时也是空间与人之间的相互选择。

相较于外观的坚硬稳固，推开大门走进来，立刻感受到全然不同的感受，挑高的天花板运用不锈钢板的反射特性将云朵变多让高度更高了，一朵朵的吊灯全部是设计师亲手塑型织密的手作灯，在所有公共区域及房间内几乎全采开放的方式，减少木作天花板，无大量木作装修，尽量轻量化空间。

STABLE HOUSE
2F

STABLE
HOUSE
時
驛

Relax

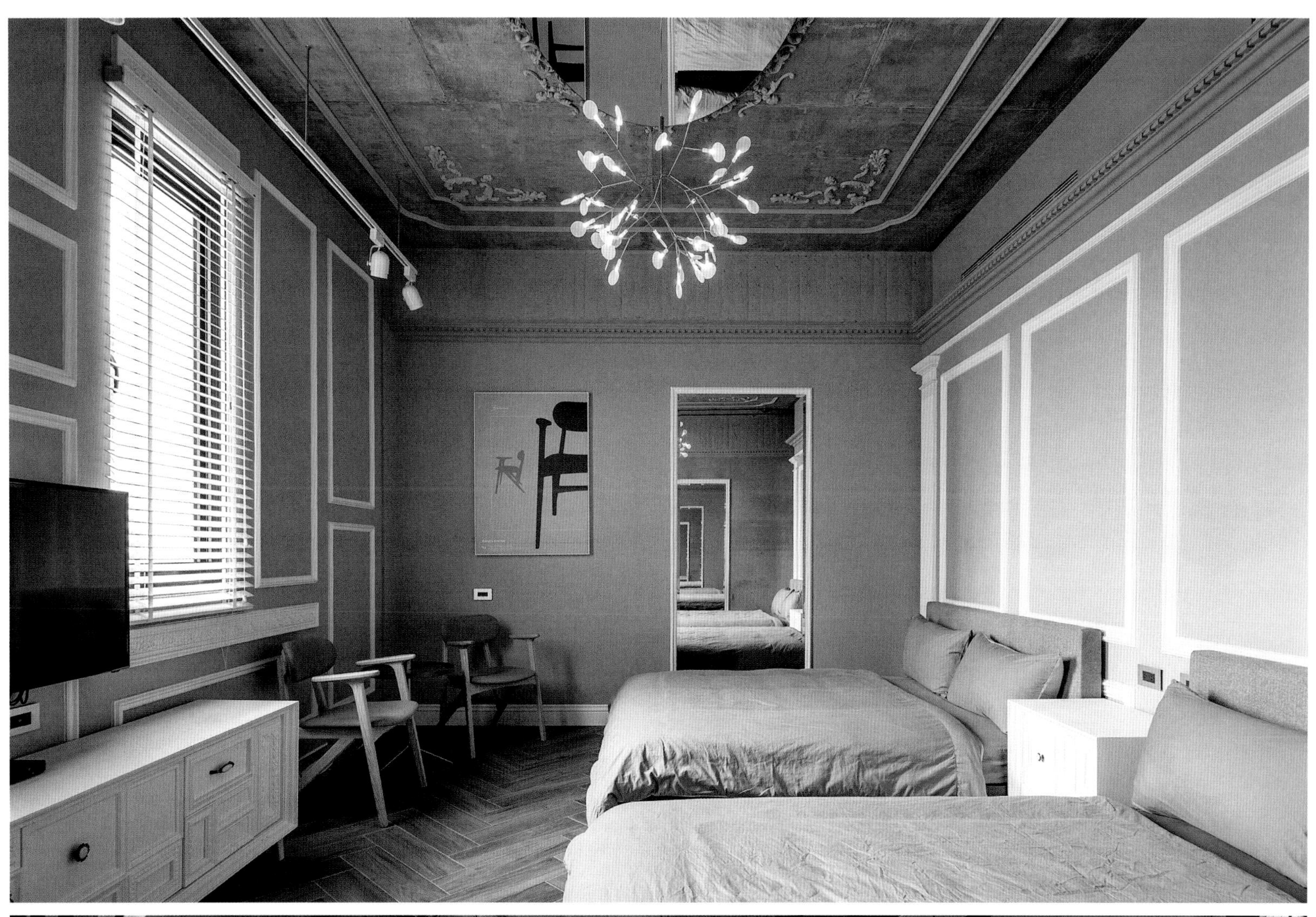

莫干山雷迪森庄园

项目名称 _ *莫干山雷迪森庄园* / **主案设计** _ *顾惠娟* / **参与设计** _ *任迪、周飞燕* / **项目地点** _ *浙江省湖州市* / **项目面积** _ *11900 平方米* / **主要材料** _ *竹板、毛石、水磨石*

本案以吴越文化底蕴为依托。从宫苑建筑和吴越服饰中提炼色彩、艺术、布局、材质为元素。通过东方禅意美学组合，并融入现代度假养生、自然、温润概念。打造莫干山独一无二的文化性主题精品酒店。

本案通过艺、园、栖、乐、色五大点分别融入不同的空间环境中。客人在每个空间中都能感受到独有的吴越文化的审美取向。

本案选用的材料均为莫干山当地现有的建造材料。例如竹板、毛石、水磨石……在不破坏生态环境的同时更减少了成本的投入，真实有效地达到了低碳环保的建造理念。

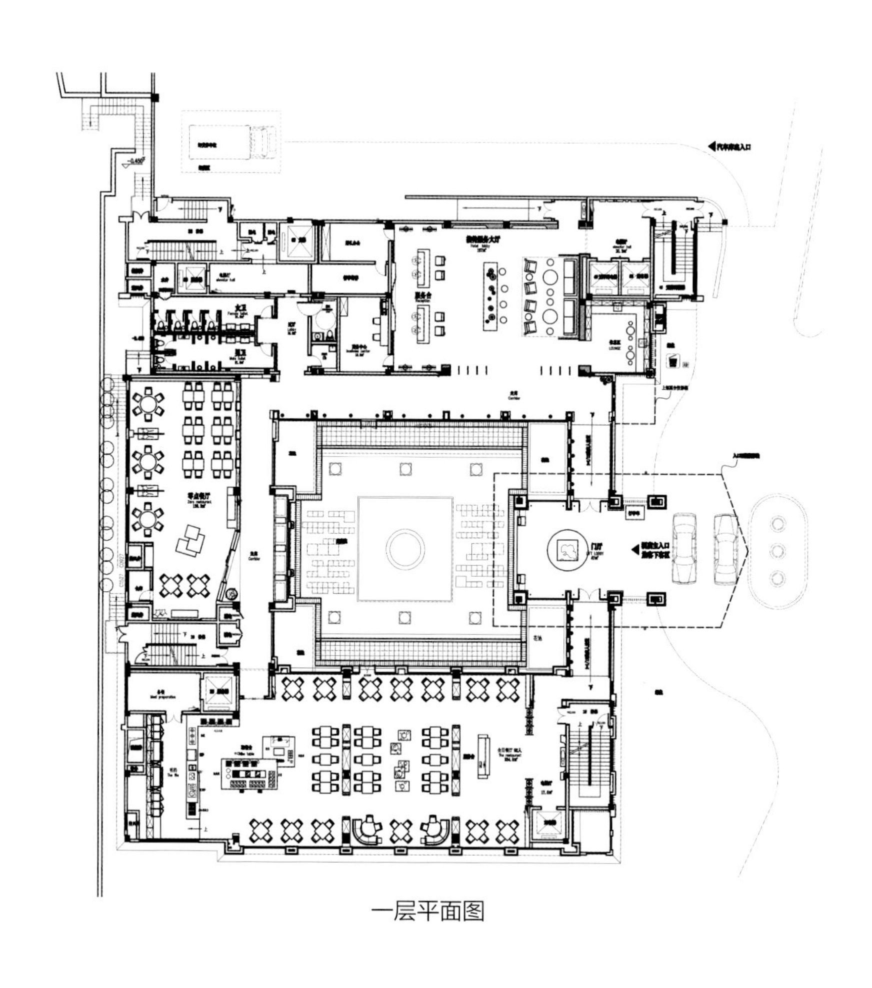

一层平面图

8512

枕云

子曰

项目名称 _ *子曰* / **主案设计** _ *孟繁峰* / **参与设计** _ *席冬* / **项目地点** _ *江苏省南京市* / **项目面积** _ *350 平方米* / **主要材料** _ *原木*

建筑是一中庭，两连廊，三平台，四建筑，五私庭的格局，如此多灰色空间的设置就是希望建筑是一个可呼吸够通透的空间。建筑用江南水乡最常见的灰白来表达，结构的瑕疵便以干竹加以掩饰，轮廓清晰，清雅素丽。

主体建筑成为客区，这样便于管理，易于改造。重要的莫过于改变每个空间的进入关系和提升泡浴的再造后的条件。尽可能地创造客房的温馨氛围和更多的情趣空间。下房部分成为公共活动，基础配套和主人活动的区域，我们不希望以降低主人的生活空间和品质来满足经营的需求。

设计师用干竹、绿植、景观小品对客人的视线的停留做了严谨的分析和景观遮蔽的设置。建筑与建筑外最大化地减少了视线交流，客房与客房避免了行为和视线的交叉，客房与公共活动区域减少了直接的对话，这些处理使得客房具备度假酒店最核心的特质。

整个庭院将所有与美好无关的部分用翠竹遮掩起来，自成一个环境体系。身居其中无视四周外景。庭院借助日式庭院的方式洗石子洒地，观景节点设置分解景观。一次完美的体验不仅是身体的愉悦，努力让客人在视、听、嗅、触、味以及情的体验上都能达到一个高品质的享受。

AMERICAN STYLE VILLA
MODERN LIVING
SHIGERU BAN

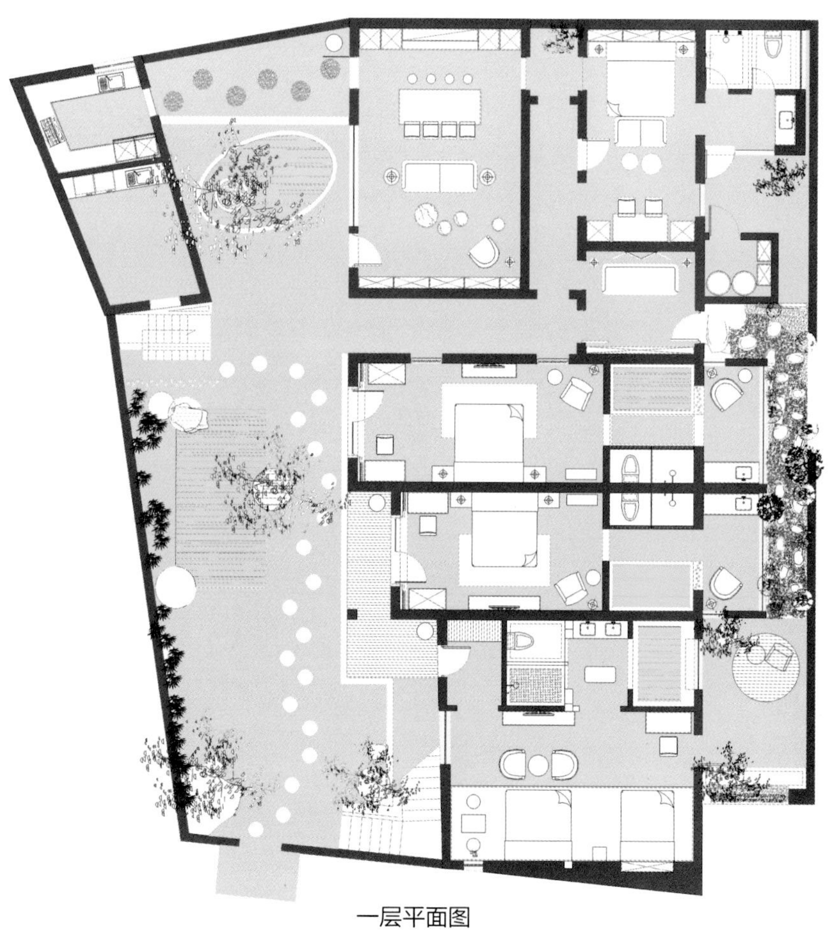

一层平面图

浅墨——渡口饭店 1 号店

项目名称 _ 浅墨——渡口饭店 1 号店 / **主案设计** _ 邵枫 / **参与设计** _ 高良 / **项目地点** _ 江苏省苏州市 / **项目面积** _6000 平方米 / **主要材料** _ 花岗岩

本案为华东地区以江鲜特色闻名的特色酒店，致力于把渡口饭店一号店打造成具有江南水乡韵味的百年老店。

在色彩上采用国画中“留白”的艺术手法，以少胜多，抽象提炼江南水乡民居的气质，以清新雅致的江南之色——粉墙黛瓦来营造更深远的意境。

平面布局围绕三个内庭院天井依次展开，内外空间相连，使自然融入建筑。设计注重光线与空间的结合，步移景异，空间之间形成“看”与“被看”的关系。

材质选用经济的国产灰色花岗岩和白色涂料为主要材料，不仅造价便宜也适应苏州的气候，这种带有明显地域特征的色彩，因地制宜地发挥了地方建筑材质、色泽、质感的特征，利用简化、雅化的装饰性灰色，致力于把渡口饭店一号店打造成具有吴文化地方韵味的百年老店。

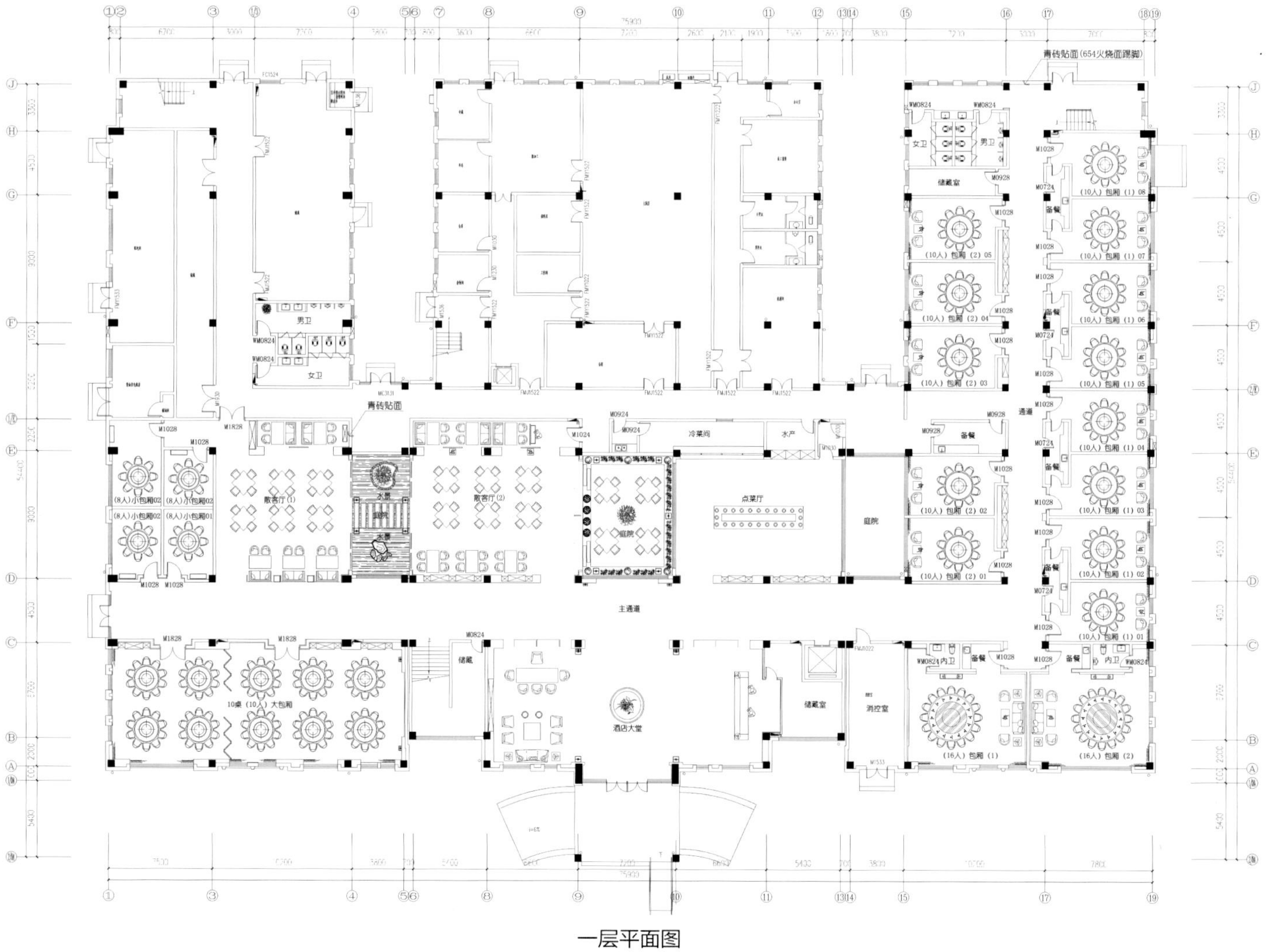
青砖贴面(654火烧面踢脚)
女卫
男卫
储藏室
男卫
女卫
青砖贴面
散客厅(1)
散客厅(2)
冷菜间
水产
点菜厅
庭院
备餐
主通道
储藏
酒店大堂
储藏室
消控室
通道
内卫
10桌(10人)大包厢
(16人)包厢(1)
(16人)包厢(2)

一层平面图

婺源悦园婺扉精品民宿

项目名称 _ *婺源悦园婺扉精品民宿* / **主案设计** _ *徐青青* / **项目地点** _ *江西省上饶市* / **项目面积** _ *680平方米* / **主要材料** _ *原木*

悦园婺扉民宿酒店项目坐落于享有“中国最美乡村”之名的江西婺源景区一个百年历史的徽派老宅村庄内。给住客营造一种闲适自然，采菊篱下的乡村田野生活是本案的定位。喧嚣、漂泊、宁静、归来。城市的高楼大厦与这里无关，这里有的便是这里的一草一木以及一座徽式老宅院，和婺扉堂主深切真诚的情谊伴住客度过美好的悦园时光。

主楼二楼过道区域花架上空采光口将自然光隐蔽的引入，白天乍看以为是长期亮着灯光，实际却是自然光。既保证了二楼过道的采光，又丰富了过道的层次。

本案牺牲掉部分原室内空间，将之改为室外后天井。这样一来最大限度地保证了每个房间的通风采光，二来和前厅入户小院有了前后呼应。同时也展现了徽州人崇尚自然，追求和谐追求天人合一的理念。

低碳与经济性院子铺地的瓦片都为老房顶拆下来的瓦片，院子角落立着的朽木为老房已溃烂的带有“婺源三雕”木雕的老房梁，主楼后厅四幅挂画均为老房内找出的陈年旧报纸装裱而成。就地取材，低碳经济有意义。打家具的木材是请本地的家具厂用本地的橡木。

茗堂
户对梅兰满庭芳
窗含烟雨千峰秀

202

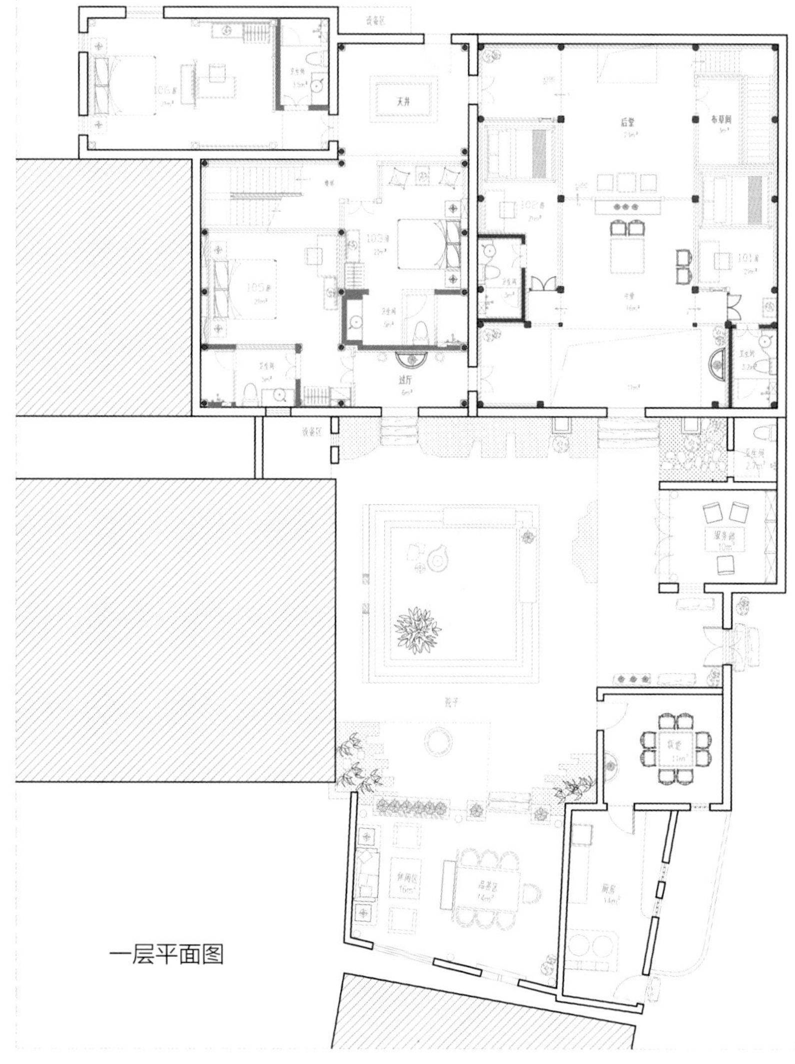

一层平面图

清趣

泊舍酒店

项目名称 _ *泊舍酒店* / **主案设计** _ *朱晓鸣* / **参与设计** _ *陈善武* / **项目地点** _ *安徽省黄山市* / **项目面积** _ *1500 平方米* / **主要材料** _ *爵士白、意大利灰、木纹水泥板、砚石、黑钛、橡木、硅藻泥、木纹铝合金*

泊舍位于黄山市屯溪滨江东路新安江延伸段古村落内，属于百村千幢古民居保护工程项目。建筑主体为前后两幢独立徽式四合院，前厅后院抵邻而居，白墙黑瓦搭配徽派建筑特有的飞檐画栋，安然享受着新安江畔如诗如画之景。前厅为大阜官厅旧址，历经了繁华热闹的岁月，沉默在时间的河流里。

官厅正门在不破坏老建筑框架的基础上，采用了外置型金属门头，古老的雕梁与木柱、砖与石得以保留，栅格化的设计元素与古老官厅门鼓相映成趣，光影变换的现代玻璃与古门钉和谐共生，时尚与故旧，现代与传统，在这里完美融合。

中庭天井承担着主要采光，阳光自天井泻下，透过空中的水纹，洒下斑驳的光影。包厢为半开放式设计，可推拉式门板让私密空间与开放性空间灵巧变换。

每间房在建筑材料的使用上也具有连贯性，砖、木、石统一而又略有变化，在表达个性的同时，又将徽文化、徽建筑的韵味融入其中。

泊舍借由传统全新绽放，希望他能带来好的社会效应和营收，整个空间境由心造，景乃天成，而泊舍的使用者和来访者在里面扮演着重要的角色，形形色色，性格鲜明，却又对徽剧彼此的敬重和喜欢。

"IT'S ALL ABOUT FINDING THE RIGHT CINEMATIC LOOK"
PLAMEN CVETANOV
STONE
WWW.THECINEMATIC.NET
videohive
泊舍
POISE
RESORT

泊舍
POS

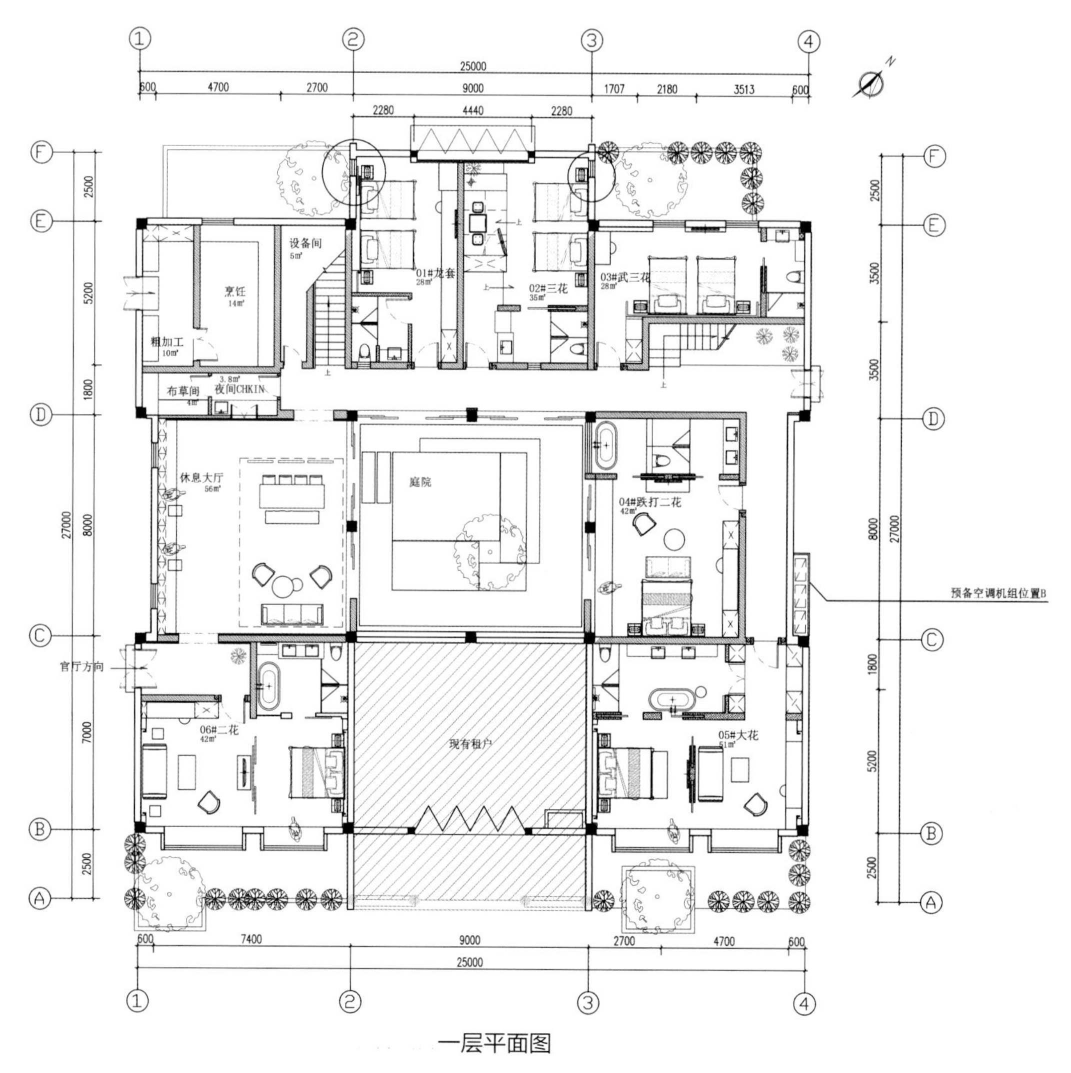
25000
600
4700
2700
9000
1707
2180
3513
2280
4440
设备间
5m²
烹饪
14m²
粗加工
10m²
3.8m²
布草间
4m²
夜间CHKIN
01#龙套
28m²
02#三花
35m²
03#武三花
28m²
休息大厅
56m²
庭院
04#跌打二花
42m²
预备空调机组位置B
官厅方向
06#二花
42m²
现有租户
05#大花
51m²
7400

一层平面图

108 度禅意空间

项目名称 _108 度禅意空间 / **主案设计** _ 张立昕 / **参与设计** _ 陈成、张敏 / **项目地点** _ 云南省大理自治州 / **项目面积** _1200 平方米 / **主要材料** _ 榆木、棉麻、柔纱泥、木纹铝合金

"108 度禅意酒店"坐落在大理才村码头，洱海旁，视野开阔，远眺苍山，一水一群山，三塔等千年，菩提不如梦，散在人世间。人心境界远，菩提本悠然。禅意人生书画卷，恰谈凝思逸悠然。

简素之美，纯净之色体现了返璞归真的自然形态，而东方的"静"与"净"相结合赋予空间"心静、人舒"的状态，"身处境内，欲求无物"，处境不惊不扰，安稳自在。

设计师讲述着萦绕不散的茶禅一味和恒古不变的哲学生活，在时间与空间的尽头，则是一处可以静聊和对弈的禅意包间，一花一世界，一木一追寻，一禅一清净。

利用自然光源的折射，空间采用壁灯、台灯、落地灯等点光源点缀局部空间，表达空间形态、营造环境气氛。运用了榆木、棉麻、柔纱，给人一种"心静、人舒"的状态。

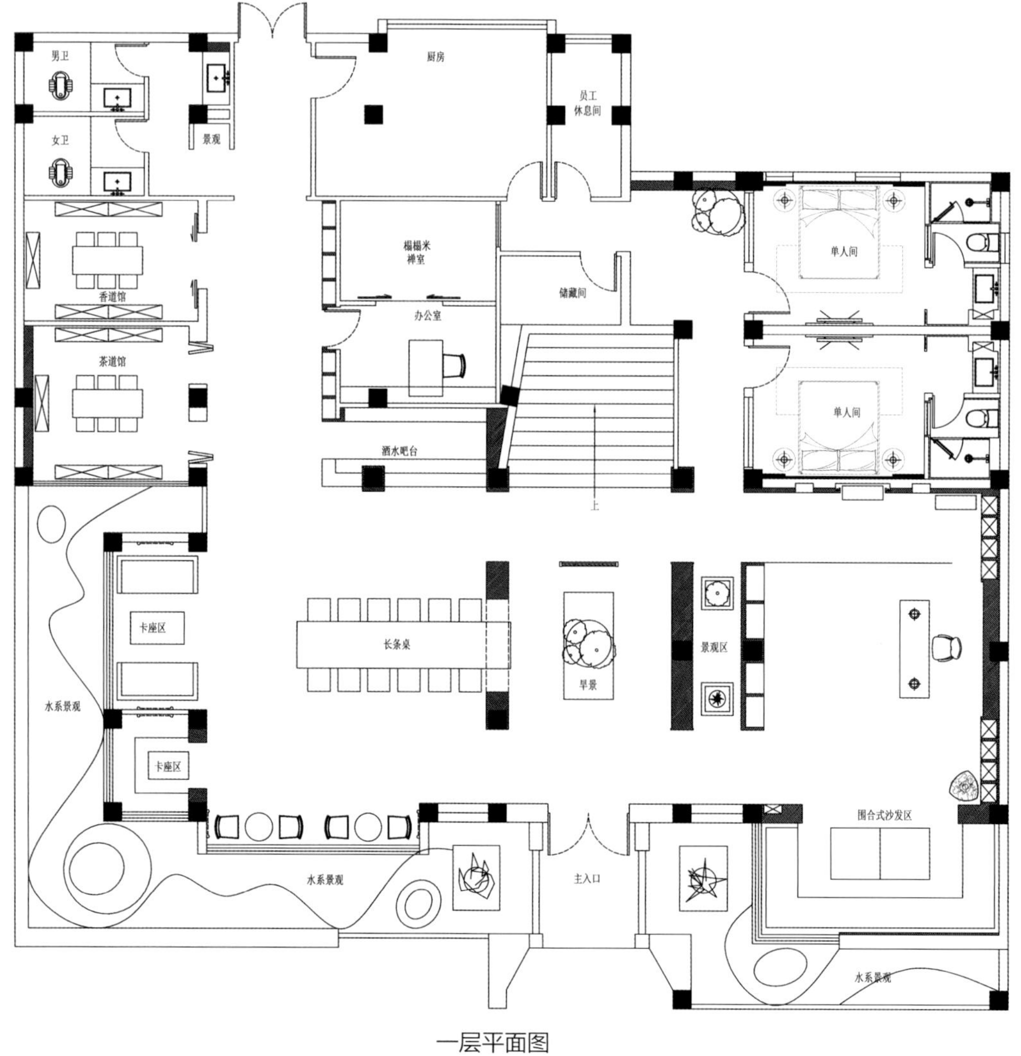

男卫
女卫
景观
厨房
员工
休息间
榻榻米
禅室
储藏间
办公室
香道馆
茶道馆
单人间
单人间
酒水吧台
上
卡座区
长条桌
旱景
景观区
水系景观
卡座区
围合式沙发区
水系景观
主入口
水系景观

一层平面图

南京金鹰国际酒店

项目名称 _ *南京金鹰国际酒店* / **主案设计** _ *杨邦胜* / **参与设计** _ *陈柏华、牟卫国、王琴* / **项目地点** _ *江苏省南京市* / **项目面积** _ *35000 平方米* / **主要材料** _ *石材、金属、仿木纹地砖、GRG 不燃材料*

该酒店位于南京，设计师从南京的文化中提炼出最具代表性的民国文化，并以民国著名纺织企业家张謇作为空间叙事的脉络，结合民国时期建筑、文化、人文特色，打造了一间极具民国风情的城市商务酒店。

在大堂的设计中，采用具有年代和历史感官的金属板组合拼接构成艺术墙，象征着民国时期坚强的爱国精神和勇于接纳新事物的态度。沉稳的木质家具，被引入空间，一点点填充，这是一种时间的记忆，安静兼顾力量。

民国时期中西文化碰撞，复古彩色玻璃、大量造型独特的窗格是南京民国建筑的特色，设计师以此为材，在中餐厅的玻璃隔断中巧妙运用色彩变化，并将窗格并排倒置排列与天花之上，营造出神秘又绚烂的空间效果。

设计师采用先抑后扬的手法，在旋转门后设置接待区，拉开酒店体验的序幕，再转入大堂。大堂内挑高的空间加上一面从天花连接地面的超大尺寸艺术展架，带来极强的视觉冲击力。

因消防安全的要求，大堂无法使用可燃性材料，设计师用石材、金属、仿木纹地砖以及 GRG 不燃材料，做了很好的尝试及替代，营造出一个温暖且极具品质的空间。而空间中的蓝色妖姬大理石、亚欣石材、魔鬼鱼皮，汉斯玛宝装饰彩色复古玻璃、贝特玻璃，增添了空间质感。

D27

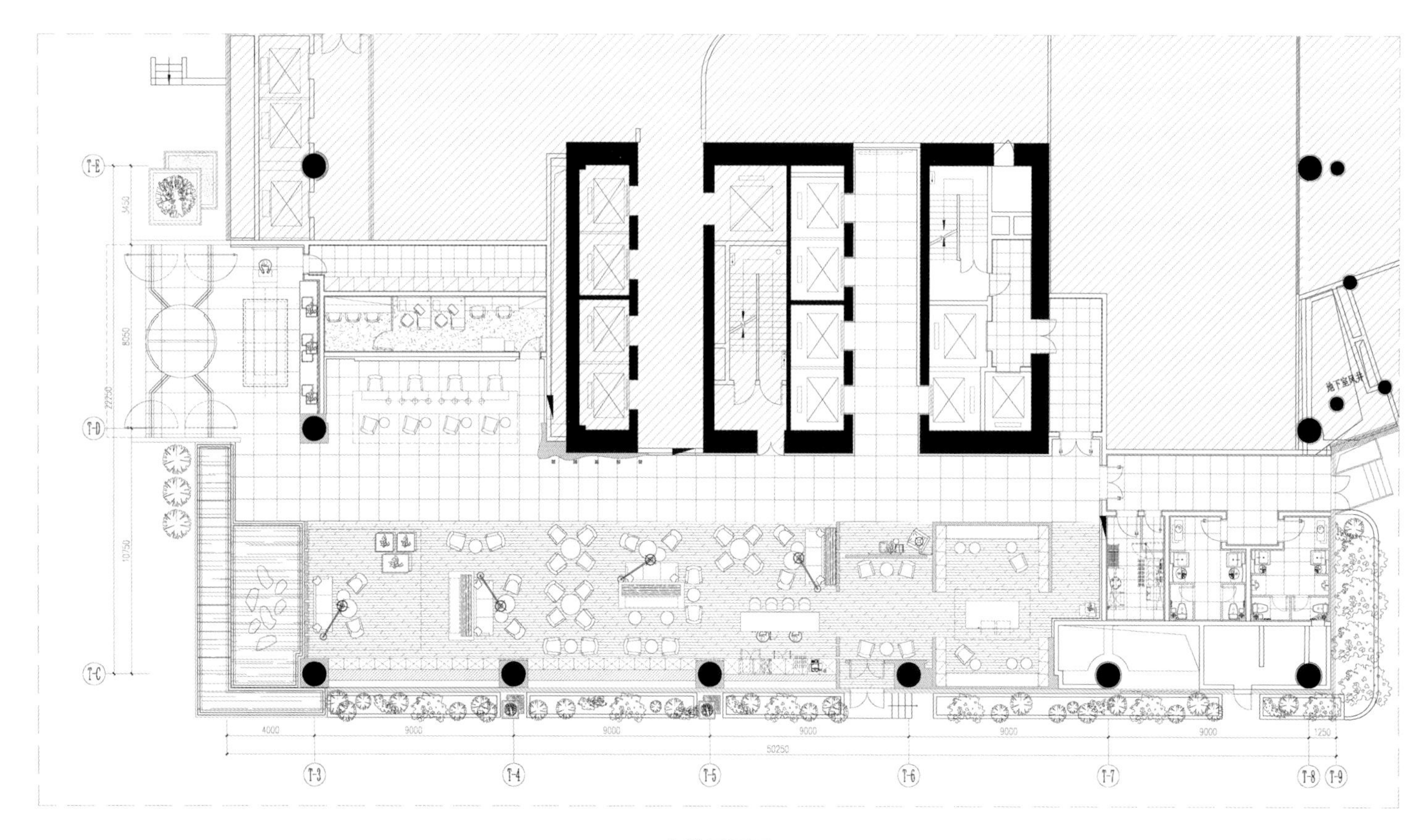

大堂平面图

廓庐

项目名称 _ *廓庐* / **主案设计** _ *孙桂莉* / **参与设计** _ *刘文军、徐敏* / **项目地点** _ *山东省济南市* / **项目面积** _ *1000 平方米* / **主要材料** _ *天然石头*

客舍依山而建，夺自然之造化。项目位于海拔 750 米地“元宝山”顶上，风景秀丽、空气怡人，村内有古名泉拔槊泉。设计陈设，古朴典雅，唐风遗韵味道十足，命名廓庐，取开阔的乡间屋舍之意，定位为济南山居轻奢生活的典范。

理解、转化、呼应、整体，这些观念都是中国传统造园精神表面的东西，设计师用这种造境之学来切入当代空间的营造。所以空间不只是空间，还有时间和心理。相其形势，枫樟黄杨之外，杂木荒草，悉以去之，格局立现。因地之高下而崇卑之，崇者台之，使可观可集；卑者池之，使可听可枕。

拔槊泉村以拔槊泉闻名，有唐王李世民东征拔槊而出清泉之典故。因而，“廓庐”民宿的建筑和空间上，秉承了汉唐时期建筑风格的精髓，整齐而不呆板，华美而不纤细，舒展而不张扬，古朴却富有活力。软装搭配继承了唐宋时期家居理念的精华，并与现代禅意风格相结合，给人天人合一、与众不同的体验。

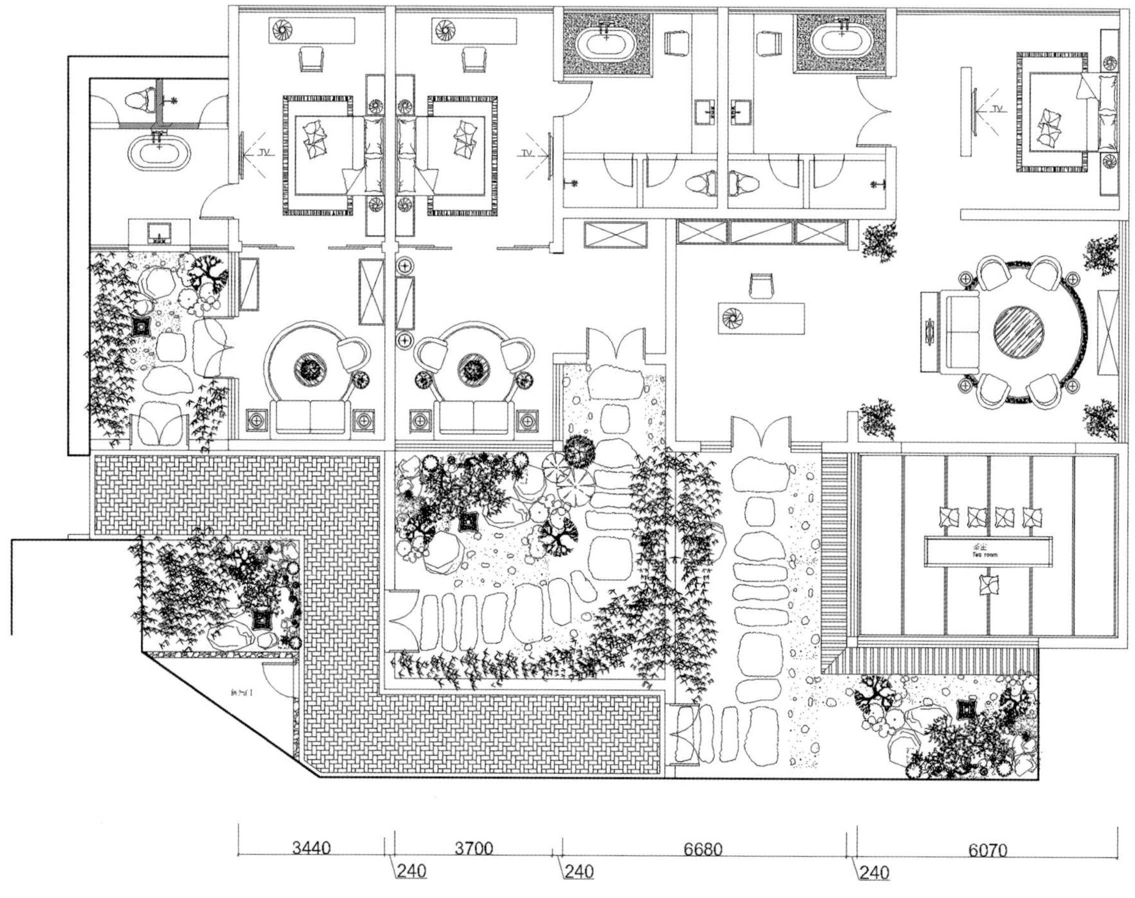

3 号院平面布置图

晋悦会

项目名称 _ *晋悦会* / **主案设计** _ *成功* / **项目地点** _ *山西省忻州市* / **项目面积** _*12000 平方米* / **主要材料** _ *平遥推光漆*

本案萃取诸多中式元素糅合在项目中，力求为尊贵客户打造独具东方特色的奢雅空间环境。

在大堂前台背景处，采用了中式“屏”的概念，力邀中央工艺美术大师将非物质文化遗产“平遥推光漆”结合现代审美观全新创作，以“云水青山”为主题，使其呈现气象瑰丽之磅礴，意境悠远之绵长的艺术景象。

本案将寓意着和谐、通融、美满的“圆”的形态充分利用在其中，并在用材及灯光上悉心研磨，使其空间感受更加通洽、愉悦。随处可见的山水主题夹绢丝玻璃及花鸟刺绣背景等东方文化元素，都体现着中华文化博大精深的魅力与内涵。

考虑到原建筑本身的设计缺陷，本案把功能分区、动静分离，使用流线作为首要考虑条件，原有建筑空间的松散空旷得到了良好的优化。增强了服务者的使用便捷也提升了空间品质。

本案多处采用了山西地域“平遥推光漆”艺术作为空间灵魂，印有东方水墨山水的夹绢丝玻璃及镶嵌琉璃艺术品的金属屏风贯穿项目其中，大厅地面采用“丝绸之路”石材则象征着企业对国家“一带一路”战略的美好祝福。

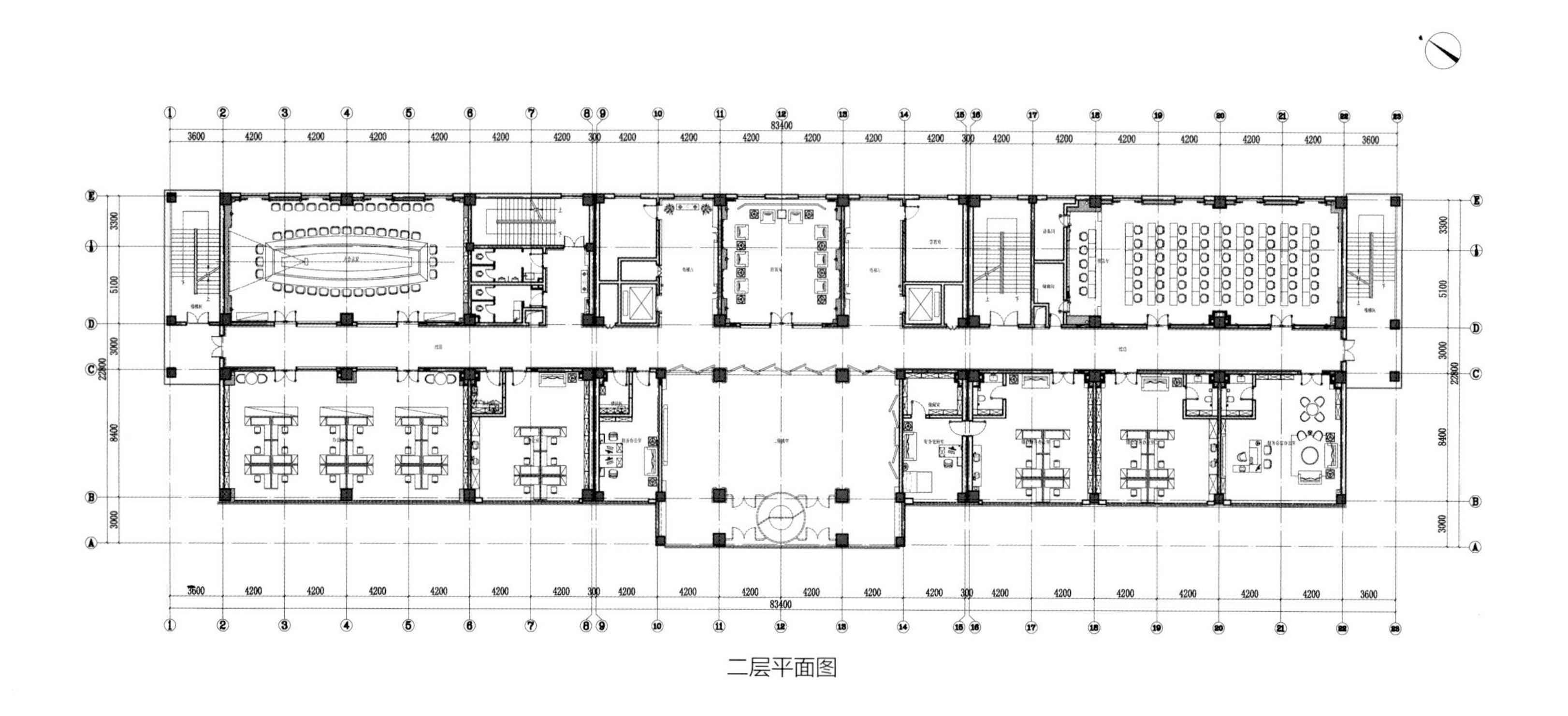

二层平面图

Restaurant
餐饮空间

大德餐厅设计

项目名称 _ *大德餐厅设计* / **主案设计** _ *冈本庆三* / **参与设计** _ *刘超* / **项目地点** _ *四川省成都市* / **项目面积** _ *140 平方米* / **主要材料** _ *木材、大理石等*

大德餐厅是一家高级寿司料理店，所在地位于成都市中心地段最好的开放式高端购物中心——远洋太古里的二层。身处繁华闹市，独辟清静一席，为来客提供一个独特而温馨的就餐体验。

整个空间为高 8m 的方形空间，设计师将 6 个方形发光盒子以积木的形式堆叠，形成不同功能的正负空间。6 个盒子体量旋转交错，与建筑体之间形成的边缘空间，构造出形态各异的室内景观，增添了空间的丰富性与趣味性。

盒子内部是相对私密的包间，负空间自然形成走廊和日式景观通道，各空间在不同的视线角度与窗外的景色虚实结合，一步一景，形成若隐若现的效果。包间下部局部为玻璃窗，客人坐于榻榻米就餐时，包间外的景观尽收眼底，使内外空间产生互动，既保证了用餐时的隐私性，又使视线所及之处充满意境。所有盒子的地面基础退于边缘之内，给人以悬浮、轻盈之感。

包间内略微幽暗的灯光透过和纸与各式的榉木格栅，令人感觉静谧而又温馨。寿司吧台则设计十分质朴，整块的实木吧台保留了最自然的姿态，不作多余修饰，后方以一整面巨浪花纹大理石装饰，表现出渔夫和寿司职人强大的活力。

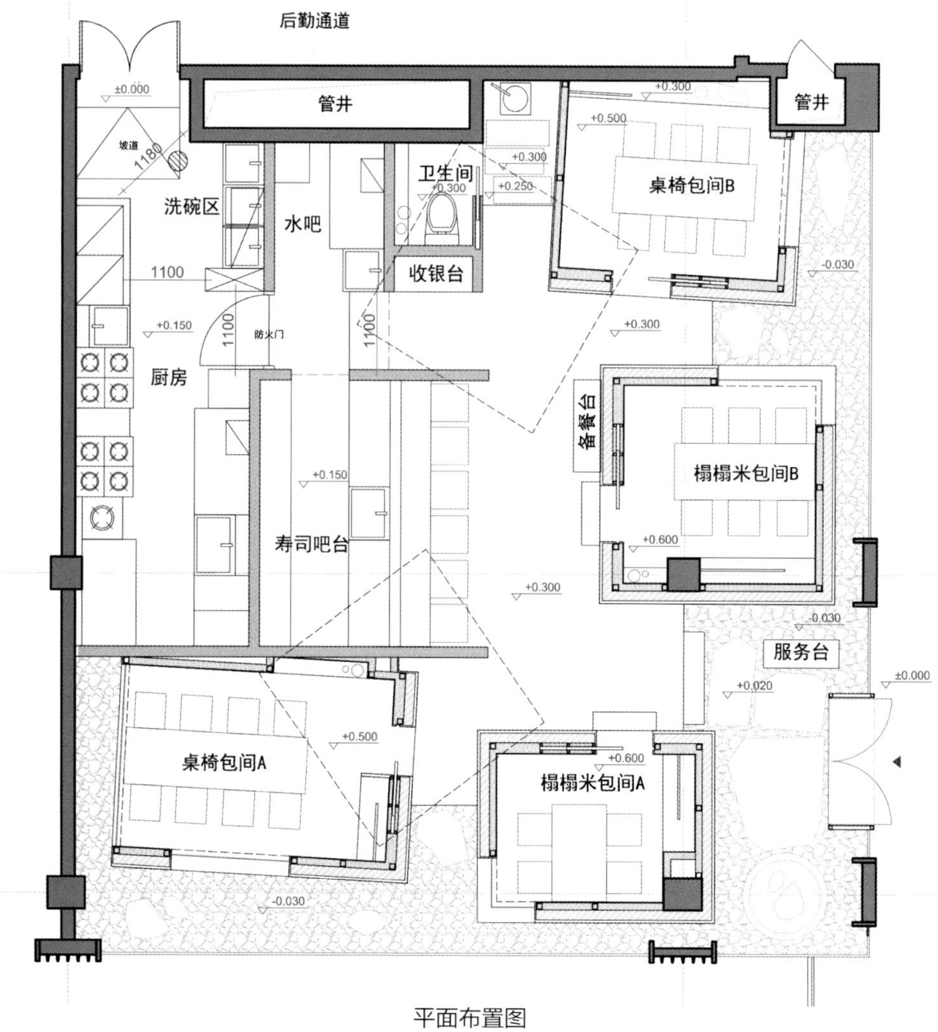
后勤通道
管井
管井
坡道
1180
洗碗区
水吧
卫生间
收银台
桌椅包间B
1100
厨房
防火门
备餐台
榻榻米包间B
寿司吧台
服务台
桌椅包间A
榻榻米包间A
±0.000
+0.300
+0.500
+0.250
-0.030
+0.150
+0.600
+0.020

平面布置图

雪月花日本料理

项目名称 _ *雪月花日本料理* / **主案设计** _ *孙天文* / **参与设计** _ *曹鑫第* / **项目地点** _ *吉林省长春市* / **项目面积** _ *1300 平方米* / **主要材料** _ *涂料、玻璃等*

无论多么精巧圆熟的概念与定义，最后大都会沦为对“形式”的诛伐。所以黑泡泡的总设计师、也是本案的主持设计师孙天文先生说：“我们可以拒绝任何形式的理论和观点，但却无法拒绝来自其生存的建筑、居住的室内所带给你的潜在影响，相比之下似乎‘传达什么’比争论‘这是什么’更有意义。”这种似乎孤傲的夫子自道说到底其实是一种诚意满满的精神姿态，这也是设计师第一步就将这间料理店的名字改为“雪月花”的缘起。

无论是被称为“永远的旅人”的芭蕉的“今夜雪纷纷，许是有人过箱根”；还是明惠上人的“更怜风雪漫月身”；又抑或是“喜见雪朝来”“花不为伊开”和“月明堪久赏”，在日本的和歌俳句，雪月花代表了自然万物，也代表着欢喜哀愁——对于空间设计的顶尖高手，技术上的完美已经是题中应有之义，所争的分毫就在于文化视野和底蕴的大巧不工。

雕刻樱花的超白玻璃、蓝色的 LED 光带、全黑的寿司台背景……每一处都有惊艳，但每一处又并不足以涵盖整体的禅意妙旨——而只有当这些水乳交融，才形成适当，以“适当”这两字提醒自己诚实的传达，便是至臻完美的因果。

杭州多伦多自助餐厅（来福士店）

项目名称_杭州多伦多自助餐厅（来福士店）/ **主案设计**_孙黎明 / **参与设计**_耿顺峰、周怡冰 / **项目地点**_浙江省杭州市 / **项目面积**_890平方米 / **主要材料**_新古堡灰石材、镀铜金属板、钢网、六边形马赛克等

“山外青山楼外楼，西湖歌舞几时休。”杭州古迹众多，西子湖无疑是杭州的代名词，本案提取西湖的“水元素”为设计主线，演绎成“六边形水分子”，贯穿于整个空间，打造出丰富、俊朗、明快且充满力量的自助就餐环境。大地色系的色彩氛围、钢网的曲线勾勒、冷峻金属的使用，使亲和饱满的餐饮空间平添了一丝贵族气质，品质感与丰富度造就的混合性格尤其适合小资阶层的口味，这也正与项目所在基地——来福士的主力目标群（时尚年轻群体）高度吻合。

六边形水分子造型的钢网萦绕在天花上，用通透轻盈的质感，浅浅地诉说了水的故事，运用切割的构成方式形成体块化的岛台设计，多趣味、多形态的调性显著易识，也为取餐动线赋予了灵活性，空间里材料的粗细对比，色彩深浅对比，器皿陈设的拙丽对比，预留了充分的展映余地。锈镜、帷幔、纵向规则的条格、异域的吊顶，无不在文化格调上充分彰显小资阶层的审美趣味，清扬雅致下，营造出散淡自由的慢生活情境。

自然形成不同的情境空间，统一空间气质下又有微妙的变化，大大丰富了目标客群的多维就餐体验。从所有细节上，消费者会看到空间表情的丰富与生动饱满，如款型简约且精致的前台、红色的丝绒帷幔、六边型纹样窗帘、美食餐饮业道具、自然形态剪影、粗粝的墙和实木、马赛克等每个细节都值得玩味。

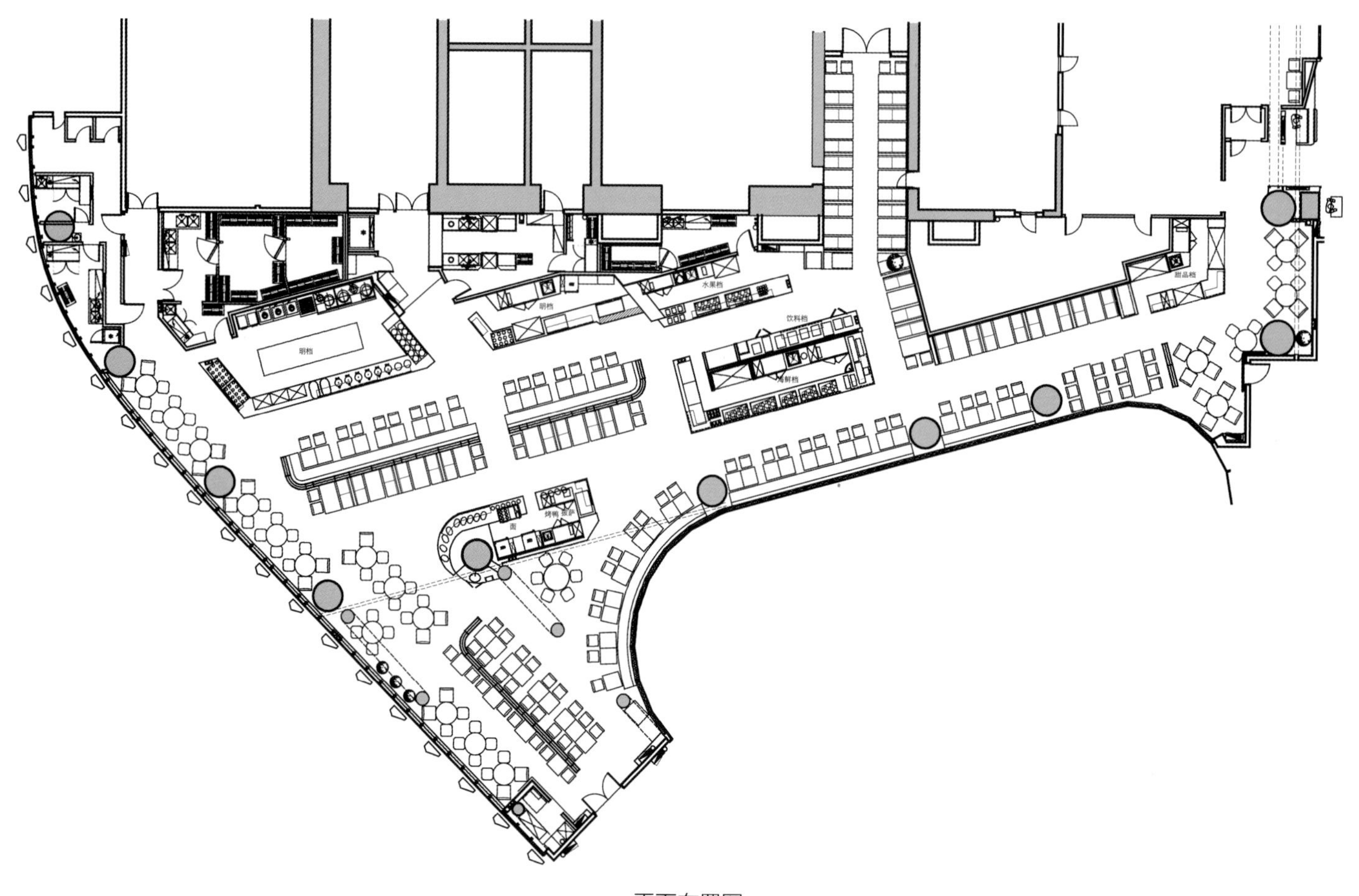

平面布置图

渔铺·新排挡

项目名称 _ *渔铺·新排挡* / **主案设计** _ *曾伟坤* / **参与设计** _ *曾伟锋、李霖* / **项目地点** _ *福建省厦门市* / **项目面积** _ *367 平方米* / **主要材料** _ *木板、刮砂涂料、水泥地砖等*

本案为老街边的旧民房改造，与厦门新地标“双子塔”隔街相望，新旧交融使老街区充满文艺气息。设计以重新定义新排档为理念，为老民房赋予新生命。因建筑结构特异，设计顺势而作，打破传统对称美学，把建筑平面多角的劣势转化为空间特点，将其延伸与闽南建筑的飞檐和六角地砖相呼应，配以红砖、旧木板勾勒出闽南特色的轮廓。

内部空间的处理上，地面铺设六角红砖、花砖、水泥板，运用材质的不同合理区分空间，墙面则以红砖、旧木板……来装饰空间，搭配设计师精心挑选的旧物、闽南传统屋檐油画和精工定制的船桨门把手，提升了整个空间的文化和品质。

运用地面材质的不同来合理划分空间，使空间利用率最大化，通过精工定制并合理排布的工业风吊灯和当地特色的手绘油画来点缀空间，提升了空间的品质和趣味性。设计师匠心独运的把工业风同闽南文化相交融，有意营造一种时间与空间的絮乱，让整个空间仿佛具有了灵性，产生独有的魅力。

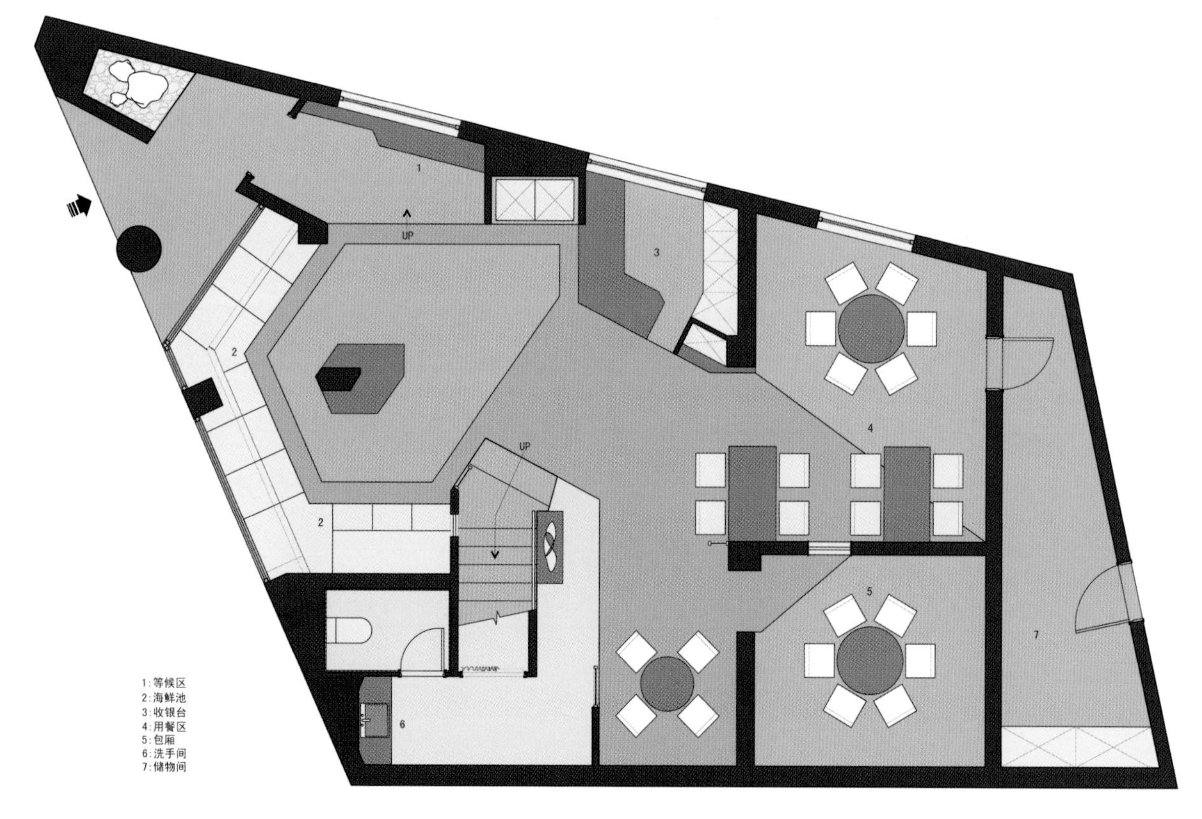

一层平面图

SHOP
新排档
NEW GEAR

“在也”清真果木烧烤店

项目名称_*“在也”清真果木烧烤店*/**主案设计**_*董然*/**参与设计**_*倪佳*/**项目地点**_*黑龙江省佳木斯市*/**项目面积**_*203平方米*/**主要材料**_*木材*

本案位于东北部城市，定位于特色烧烤店。以原有一层楼建物改造而成的中庭，远望外观建筑表现的中式方通格栅，取其耐候、坚固等材质特色，序列间点缀字体、清真元素印花玻璃、水墨彩绘等惯用的中式构图元素，不同的结构面另佐以下方投射灯光表现，高远灵动的漂浮建筑之美越发鲜明。

本案位于黑龙江省东极之城佳木斯市，基础环境有极佳的沿江开阔视野。墙体一幅浓淡相宜的水墨长卷，楼梯护栏同样辅以山水景致。不自觉地将人带入简中式的静雅环境里，在吊灯及小光束射灯的照应下，使得空间瞬间有了底蕴，也有了意境，于简约之中散发出浓烈的中国文化情怀。一物一景都被赋予了简约的精致和静谧的情绪，烘托出心静、人舒的惬意。

整个空间在流动的曲线中自由开合，桌次、座位可自由组合。看似自由，却多了私密；看似分隔，却完整了整个空间的气韵贯穿，游走在水墨远山的世界里，赋予了整个空间一种岁月静好的生活方式。

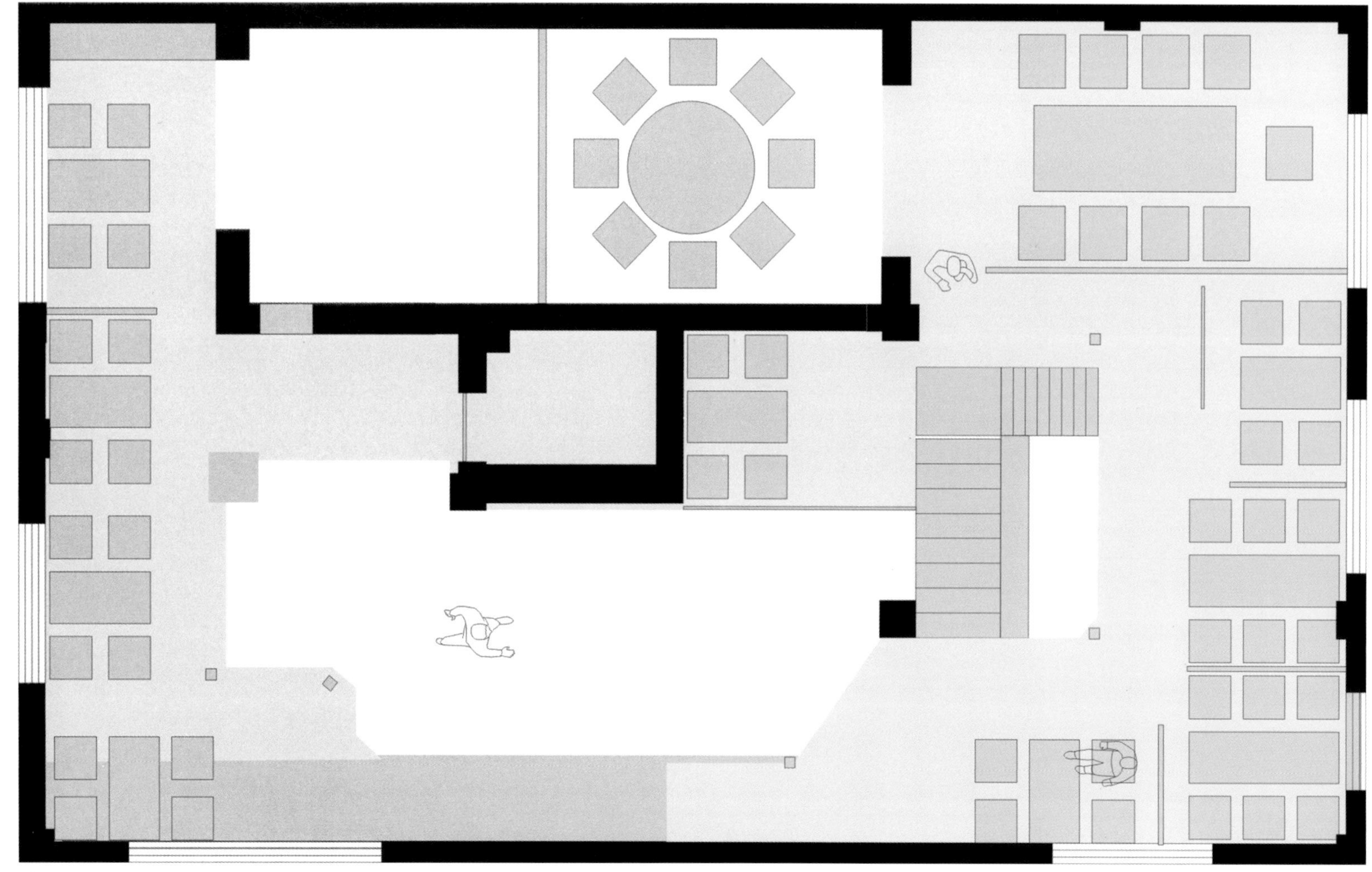

一层平面图

肴约餐厅

项目名称 _ *肴约餐厅* / **主案设计** _ *方国溪* / **参与设计** _ *曾灿芳* / **项目地点** _ *福建省厦门市* / **项目面积** _*717 平方米* / **主要材料** _ *竹、水泥纤维板、热轧板、枕木等*

肴约餐厅前身是一座闲置的露台，又处在旧厂房围绕的环境中，和外部喧嚣的城市有了鲜明的对比。因此，设计师决定从兼容自然和工业气息出发，打造一座“城市中的绿色浮岛”。

设计师在白天和夜晚赋予了餐厅完全不同的就餐氛围。如果说，白天的肴约餐厅是一座漂浮的清新绿岛，夜晚它则变身为摇曳生姿、魅惑撩人的光影空间。模拟星空的灿烂，餐位之间以丝网和烟雾缭绕的图案作为隔断，拉近人与人之间若即若离的关系。

餐厅平面呈现字母“L”型，给了设计移步换景的条件。空间分为室外、室内公共空间及包间三个类别，在同一个大空间中创造多个不同氛围的小空间。

整体设计以竹片和绿植为主要元素，在施工之前就让爬藤提前生长，到完工之时，爬藤已经完全覆盖外部隔网，洒下一片绿荫。竹子、隔网和爬藤的纹理使阳光穿过三者时，能够因时间、天气及动线的变化，形成自然变幻的光线，加上外部的水声潺潺，给予使用者视觉、听觉等感官上的多层次体验。

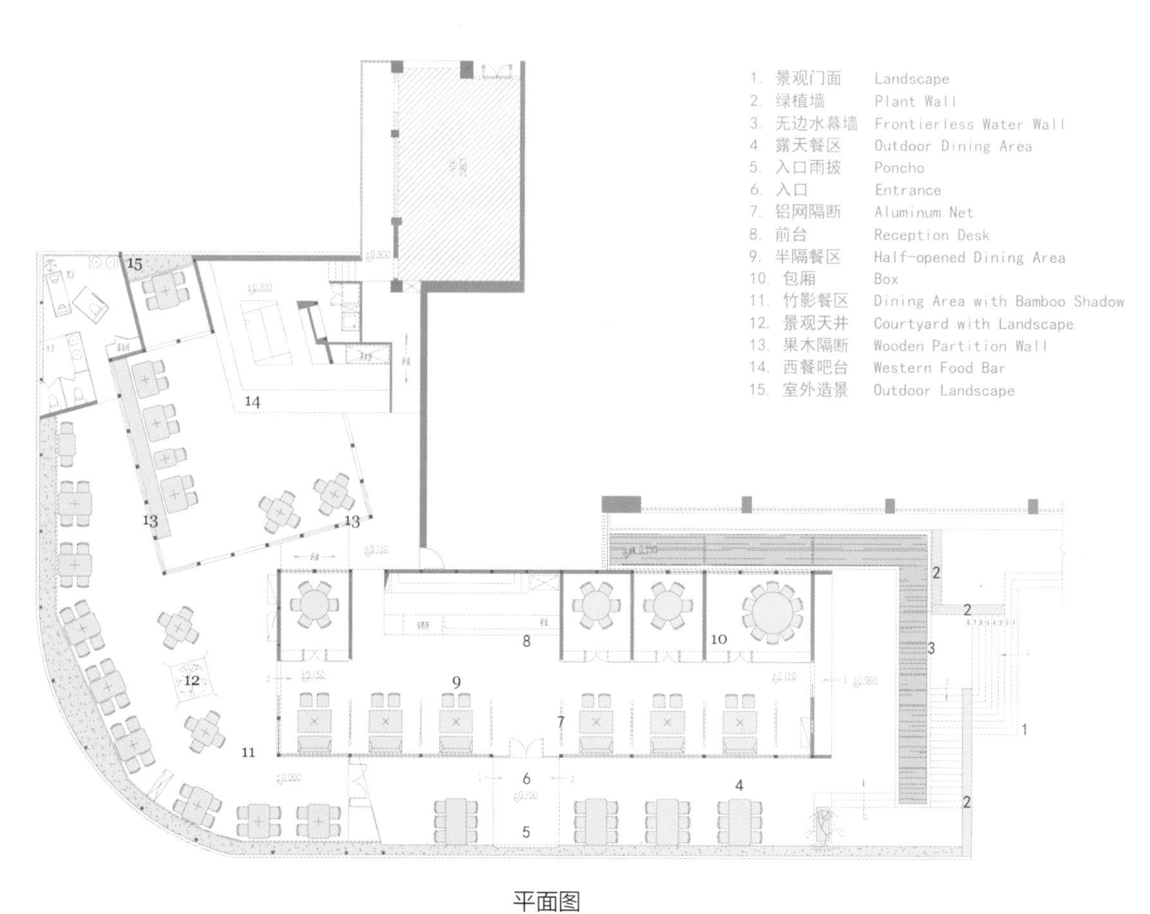

1. 景观门面 Landscape
2. 绿植墙 Plant Wall
3. 无边水幕墙 Frontierless Water Wall
4. 露天餐区 Outdoor Dining Area
5. 入口雨披 Poncho
6. 入口 Entrance
7. 铝网隔断 Aluminum Net
8. 前台 Reception Desk
9. 半隔餐区 Half-opened Dining Area
10. 包厢 Box
11. 竹影餐区 Dining Area with Bamboo Shadow
12. 景观天井 Courtyard with Landscape
13. 果木隔断 Wooden Partition Wall
14. 西餐吧台 Western Food Bar
15. 室外造景 Outdoor Landscape

平面图

“梧桐说”宴请餐厅

项目名称 _ *“梧桐说”宴请餐厅* / **主案设计** _ *陆辉* / **参与设计** _ *刘波、丁依冉、徐海舰* / **项目地点** _ *江苏省南京市* / **项目面积** _ *500 平方米* / **主要材料** _ *铁板、铝塑板等*

“在楠京”是一家连锁餐饮企业，未来将以南京的人文及历史通过不同形式在空间中得以呈现。南京“滨润汇店”则以“梧桐”为设计主题，设计手法现代、时尚，在陈设中融入了少许的法式元素，以山水、梧桐为设计语言，通过平衡、对比、虚实、光影等设计手法转换于空间中。让人对南京有所记忆，让南京人童年仿佛眼前。

整个空间采用对称设计方式，用辅助光代替天光。独特的设计元素打造属于南京人的专属记忆。环境优雅，空间优美，让人流连忘返。

梧桐说

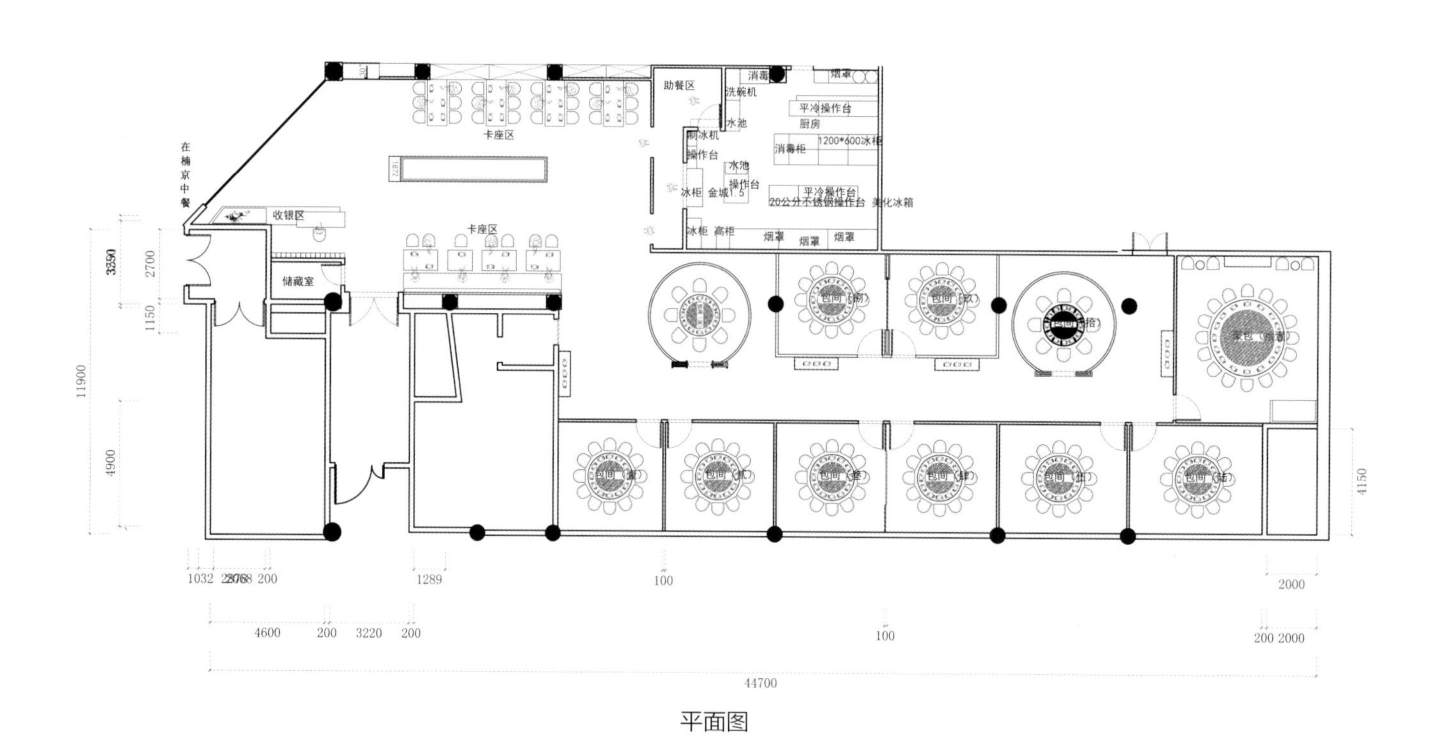

平面图

扬州虹料理

项目名称 _ *扬州虹料理* / **主案设计** _ *孙黎明* / **参与设计** _ *耿顺峰、胡红波、徐小安、陈浩* / **项目地点** _ *江苏省扬州市* / **项目面积** _ *580平方米* / **主要材料** _ *新古堡灰石材、酸洗锈石、波浪不锈钢板、楸香木木饰面等*

日本料理是被世界公认的烹调过程最为一丝不苟的国际美食，它拥有无雕无琢的自然食材，一丝不苟的烹调过程，素雅天然的陶器、原木食具，其中最值一提的，还是当属它以古朴典雅著称的用餐环境。这也造就了日本料理精致而健康的饮食理念。

扬州“虹料理”也沿袭了这一理念：自然原味、细腻精致、制作精良，材料和调理手法重视季节感。这一精神也被运用到后期餐厅设计中去，在设计阶段设计师将日本传统文化用现代设计手法加以表现，让日本传统文化在无形中影响了食客。

大量运用楸香木木饰面、草编墙纸、酸洗锈石、新古堡灰石材等现代装饰材料进行空间打造，大面积的波浪不锈钢板贯穿于整个屋顶，灵感来源于“ISSEY MIYAKE”的菱形系列，有意打造成设计师心中富士山山峦在水中波光粼粼倒影的形象，内敛而不失惊艳之处。过道中亚力克棒则被打造成了抽象的装置，好似飘在空中的大号雪花，又好似飞舞的樱花，大与小的对比，层次之美油然而生。走道一侧是栅格里若隐若现、虚虚实实的山水墨彩，另一层则是几何分割的大面积酸洗锈石，看似矛盾却恰恰反映了日本文化的根本，无形中与传统日式元素相结合，在细节上又与传统设计有所不同。空间的多元化设计使得整个环境脱俗，和风煦语，折射出更多层次感，意味无穷。

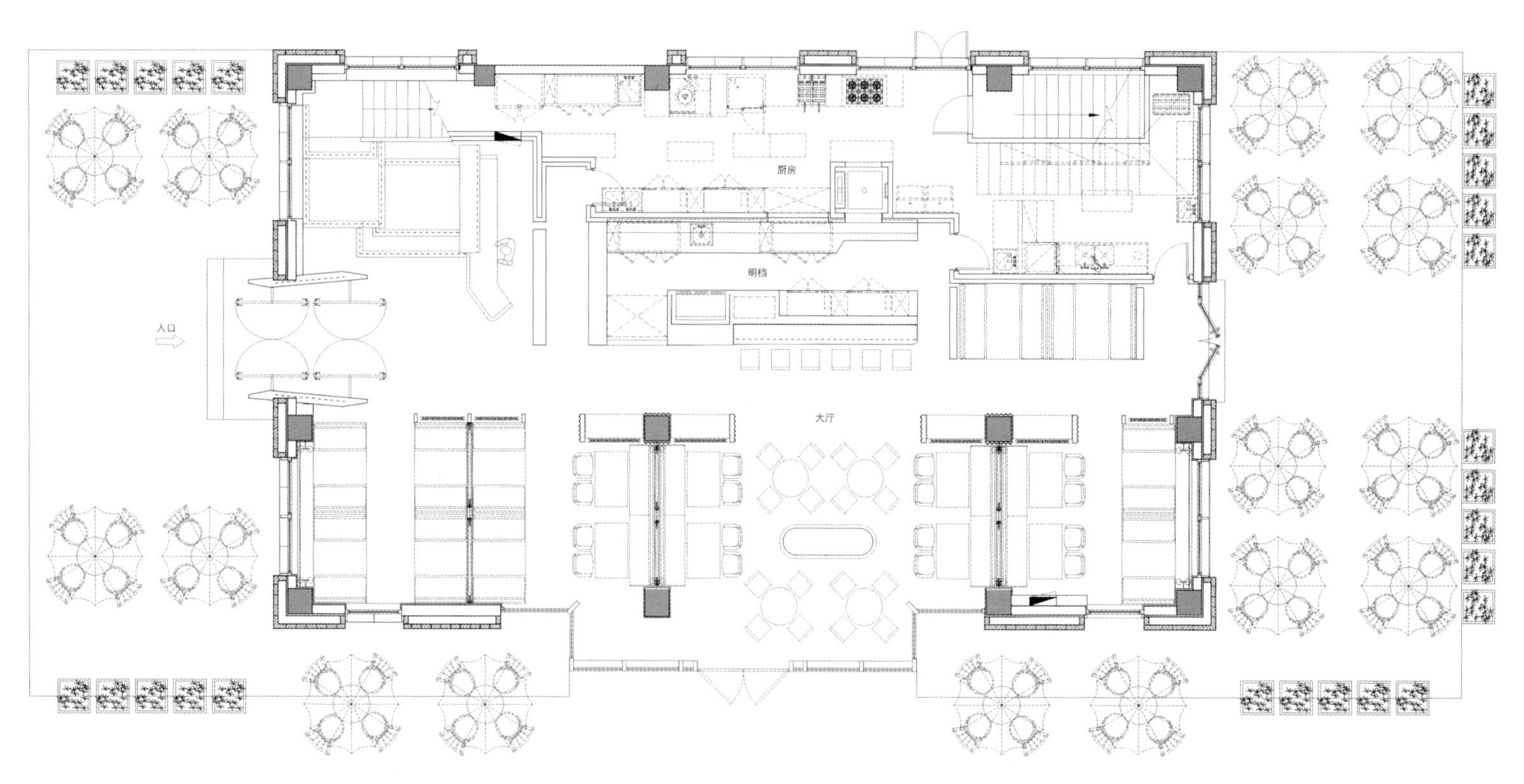

一层平面图

阿旗涮羊

项目名称_ *阿旗涮羊* / **主案设计**_ *胡迪* / **项目地点**_ *安徽省合肥市* / **项目面积**_ *900 平方米* / **主要材料**_ *竹材、木材、石材、麻布、瓦片*

此案一改涮肉店给人的传统印象，使用毛竹、木板、瓦片、水磨石等天然材料，通过现代的语言重新解构与组合，创造出清新优雅的就餐环境。

空间层次丰富，色调明快，清新优雅。设计师用简练的手法、现代的语言为传统美食营造出清新脱俗的田园诗境。

用剖开的竹节将空间围合成的卡座区、用钢筋与瓦片组合成卡包的隔断，动静分区，产生半隐半透的效果以及丰富空间的层次。

使用竹材、木材、石材、麻布、瓦片等原生态的材料，用别具一格的手法重新组合，打造出素简的空间，表达回归自然的理念。

改变消费者对涮羊肉火锅店的传统印象，格调素雅清新，色调干净明快，用餐体验十分愉悦。装饰材料都是天然材料搭配组合，非常切合餐厅健康自然、原汁原味的经营特色。

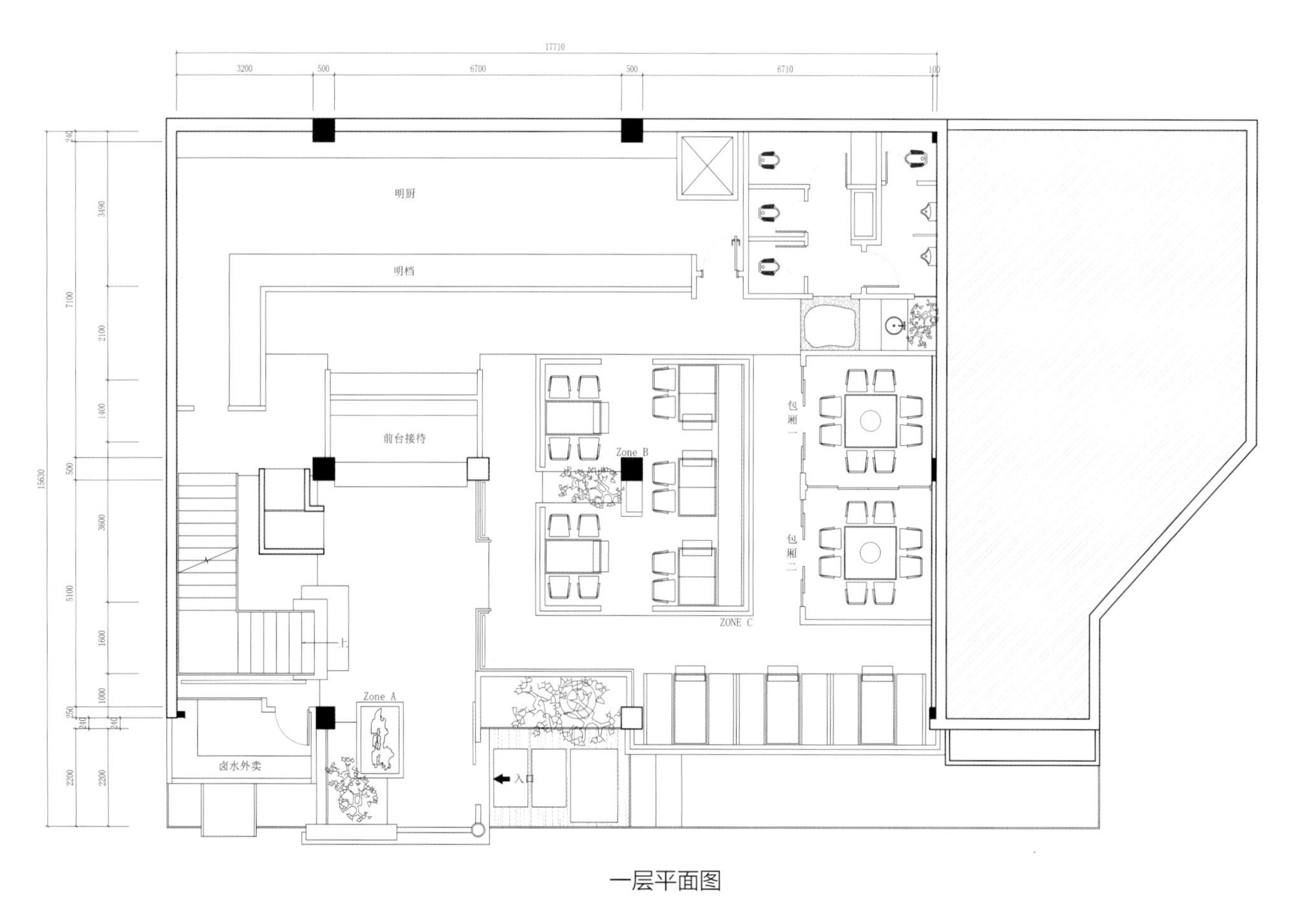
17710
3200
500
6700
500
6710
明厨
明档
前台接待
Zone B
包厢一
包厢二
ZONE C
上
Zone A
卤水外卖
入口

一层平面图

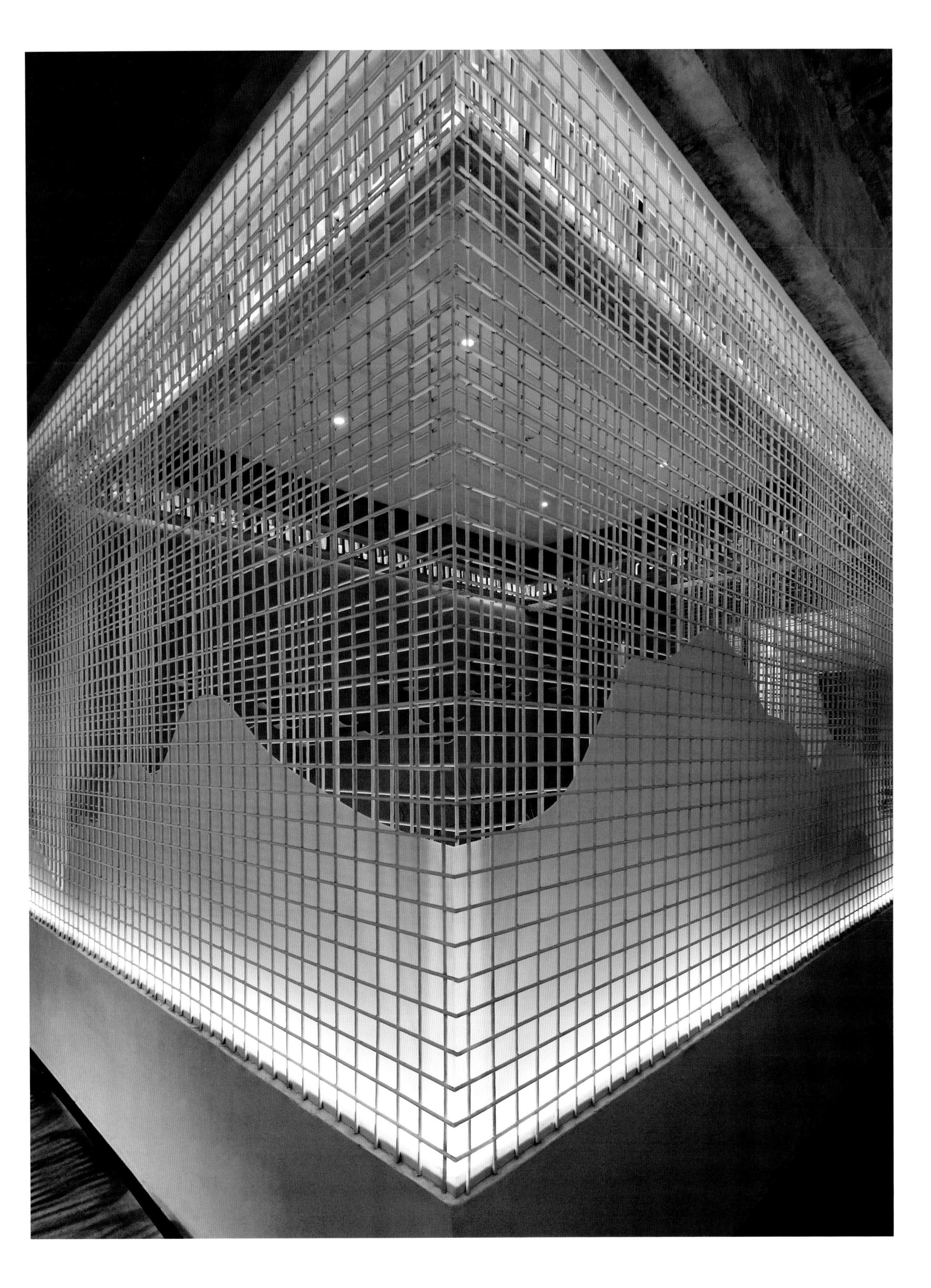

元宝餐厅

项目名称 _ *元宝餐厅* / **主案设计** _ *李凡* / **参与设计** _ *谭子颖、曹俊峰、陈书义* / **项目地点** _ *河南省洛阳市* / **项目面积** _ *1300 平方米* / **主要材料** _ *钢板、桐木、仿古面石材*

这是一个持续了一年的，由外立面、外场、餐厅三个阶段分步实施的奇特的设计项目！之所以奇特，首先是业主虽然持有物业但并没有关于商业投资的清晰定位，并且游离在租售还是自持自营的矛盾中。即便三个阶段实施完毕，2~4 层的酒店部分仍然犹豫不决。其次，自诩为“半个设计师”的、独立主持过从建筑到室内若干项目施工的这位精明过人的业主，事实上希望在项目阶段进程中摸清设计意图并取而代之，以期投资成本最低化。

物业共四层，约 5000m^2。一层为餐厅，2~4 层为酒店。建筑是在设计施工都极为草率任性的思路上改扩建的，遗留了诸多问题。如纵向楼层高度 1.5m 高差和横向轴距亦显著存在的不可思议的偏差。这种条件下，通常应以网架外罩表皮一以蔽之，结构问题和矛盾留待内部设计阶段再予解决的内外分科式的手法是合适的。但囿于投资控制，能够满足经济性，又需同时达到保温、隔音、视觉效果，并兼顾室内功能布局分区的方案，更符合项目的诉求。

餐厅处于一层的两翼，左翼进深较小适于作为包厢，右翼作为散台区，不仅限于正餐，也可以经营早茶和下午茶。散台区与室外花园餐厅仅有玻璃相隔，形成流动空间，由于气候与环境因素，这样的空间构成在当地并不多见，有意料之外的效果。配置偏多的散台，则意在改变内地用餐必进包厢的固有观念。

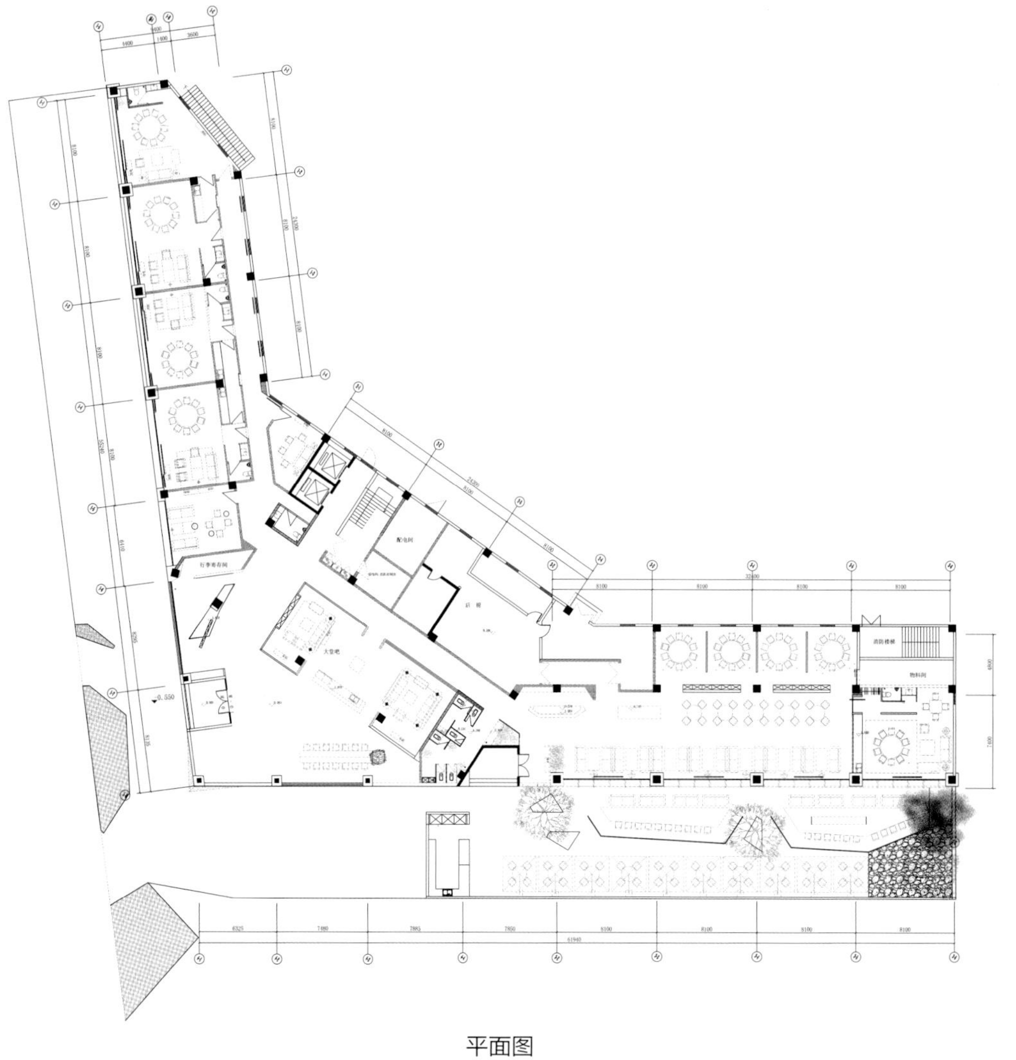

平面图

信阳小馆

项目名称_信阳小馆/**主案设计**_李战强/**参与设计**_李浩、林文昌、卫旭鸽/**项目地点**_河南省郑州市/**项目面积**_355平方米/**主要材料**_水磨石、竹篾等

以信阳“茶”的自然、恬静，体现“菜品”的雅致。将松林的概念引入室内，增添与自然的交流互动。

原木与松树枝结合，希望以一种装置陈设方式，体验雾在山间、茶在山间。在凹墙、转角尽头，通过俏枝方式，体验树的生长，对话空间。

由于结构限制，将一层作为接待以及附属空间使用，在门厅区域重新搭建步梯，突出空间层次的同时，缩短了体验者进入就餐区的直线距离。二层作为展示过渡空间，向体验者展示信阳特有的茶、食材的同时，突出空间的别致。三层作为主就餐区及品茶区，经过一、二层空间的过渡，将三层自然划分成一方天地，使体验空间更加宁静、淡雅。

地面采用水磨石结合不规则片岩，如同安静的水面，与町步趣味舒展空间体验。墙面采用灰白色硅藻泥及不规则茶叶组合方式，萃取后的茶叶元素更像一片记忆封存在墙面上。将打磨好的竹篾，运用编织的传统工艺手法，营造一种贴近自然生态的空间氛围。

将“茶”“餐”充分结合，从而营造“茶”不离“餐”、“餐”不离“茶”的空间需求，打破传统信阳菜馆、茶馆的设计风格，满足体验者视觉、味觉的双重体验。

煮白石
泛绿云
瓢细酌邀桐君

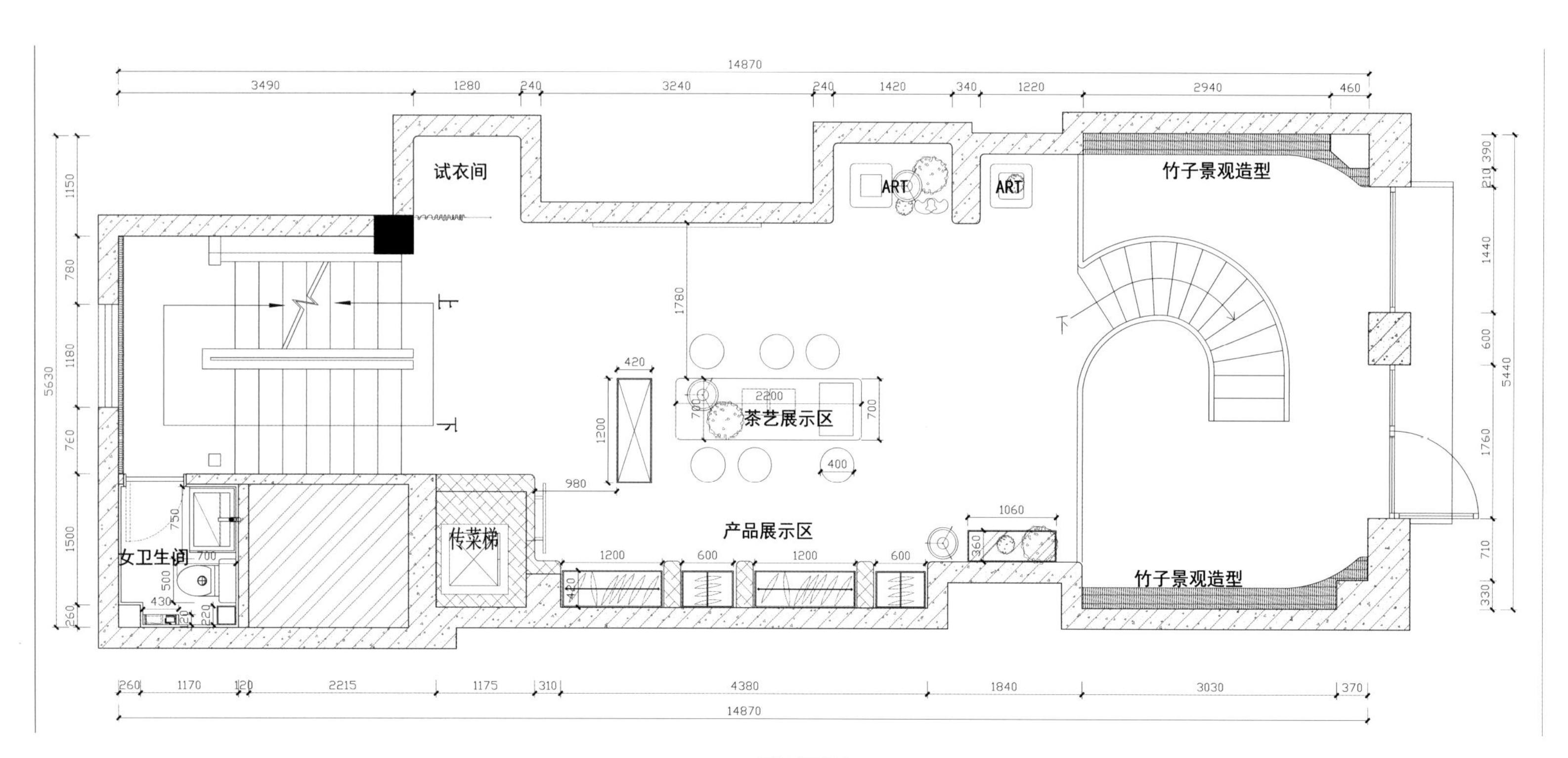

二层平面图

《膳道》竹子餐厅

项目名称 _《膳道》竹子餐厅 / **主案设计** _ 徐旭俊 / **参与设计** _ 徐旭伟、刘伟、刘威、龚瑄、罗震海 / **项目地点** _ 江西省抚州市 / **项目面积** _2500 平方米 / **主要材料** _ 竹子

餐饮行业发展到今天，设计已经是非常重要的环节，如何做出让人眼前一亮，又具竞争力的个性餐厅，是挑战设计师能力的关键所在。

竹子层层透光的设计，让餐厅更加曼妙动人、自然朴实，完全突破了常规的餐厅设计手法。

本案采用竹子作为主要材料，另用瓦片、雷竹、稻草墙、素水泥等自然材料，顺应国际上倡导生态环保的理念，来对空间进行演绎。做到曲径通幽，既有隔断，又有通透，打破了传统空间分割，既有私密，又不压抑。

楼层分为两层，是本案的亮点，尤其二层又分隔了独立的上下层，整个餐厅笼罩在竹子的氛围当中，仿佛让人在竹林中体验不一样的就餐氛围。

整体色彩度偏冷色，却不压抑。室内灯光的设计非常特别，光线透过竹子之间的缝隙投影在地面和墙壁上，形成了光影斑驳的景象。

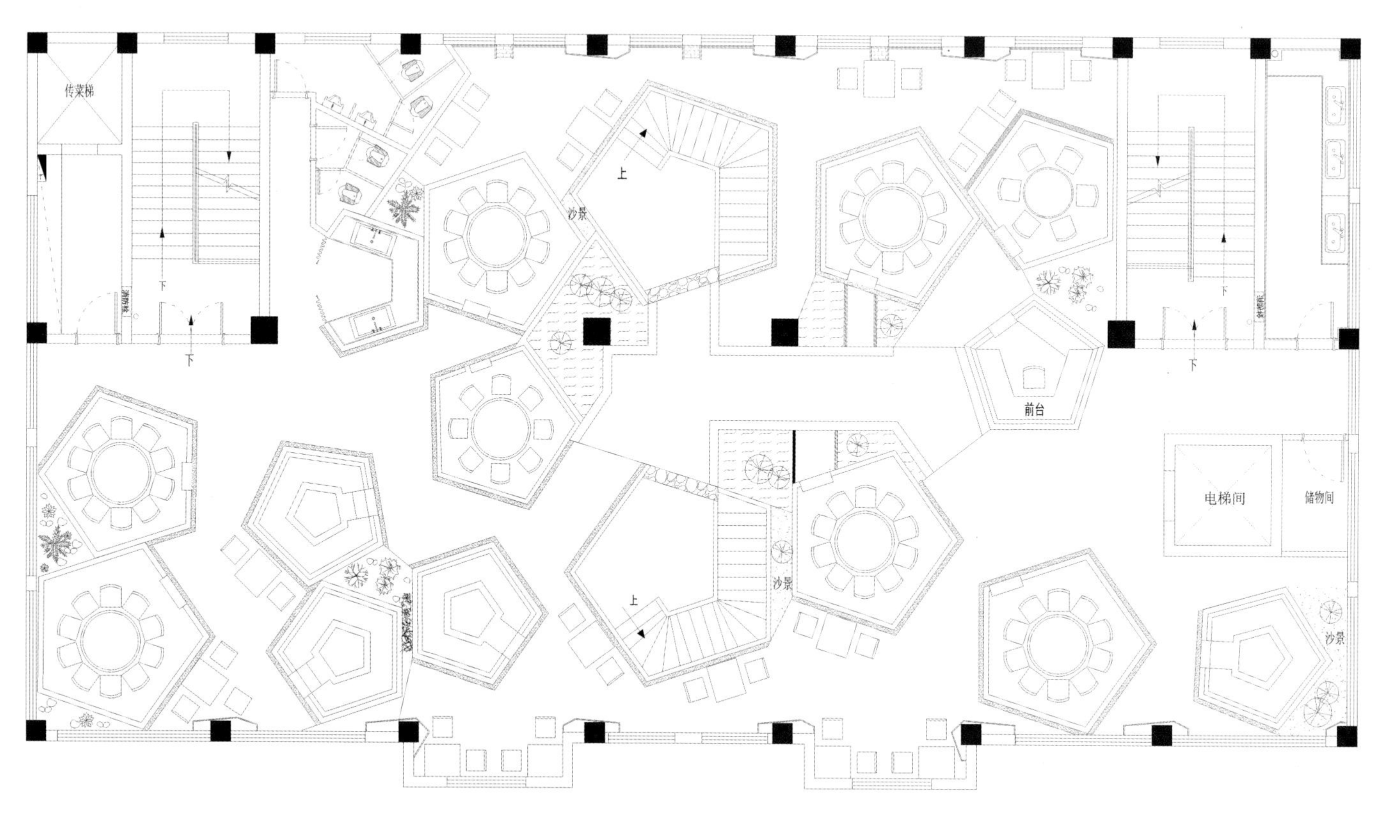

一层平面图

A N
D

天趣紫园

项目名称 _ *天趣紫园* / **主案设计** _ *杨洋* / **参与设计** _ *周恒臣、何静、郑守栩、蒋凯、张相男、黄同洲* / **项目地点** _ *四川省成都市* / **项目面积** _*466 平方米* / **主要材料** _ *石材、木材等*

宴请礼仪自古以来就伴随中国历史传承发展下来，生辰、贺喜、庆功、社交等场合都会宴请宾客。设计师将传承了几千年中国礼制文化设计到每个包间中再合适不过，礼制宴请的老院子，不具备复制性。

古老的门头、通透的视野、历史沧桑感的手凿面石材、精致的祥云砖板、细美的木纹路、下沉的院子……展现出古老院子的建筑美感。包间不同色系展现不同的礼制文化，柔美的灯光映射着或红或青或木色或黑色的家具。在院里，一花一几，一座一椅，一壶茶，细听雨滴打在地面的声音。

从大门到院内，视线畅通，一进院到二进院有厅隔断，但却引人入胜。一进院干净清爽，门的两侧有老水缸，右侧有神兽守院。二进院院子下沉，与回廊错落，动线不影响。包间坐落于院子四周，与院内相互分离，互不相扰。

大面积运用手凿面的石材，将视线定格在顾客曾经经过或者路过的那条老街。祥云砖板，华丽又不浮躁。老宅没有更换木头，只是轻轻的打磨，出现细致的木纹便给整个院子化了一层淡妆。所有的铺装都返璞归真，翻新了院子却又没有失去老院子。

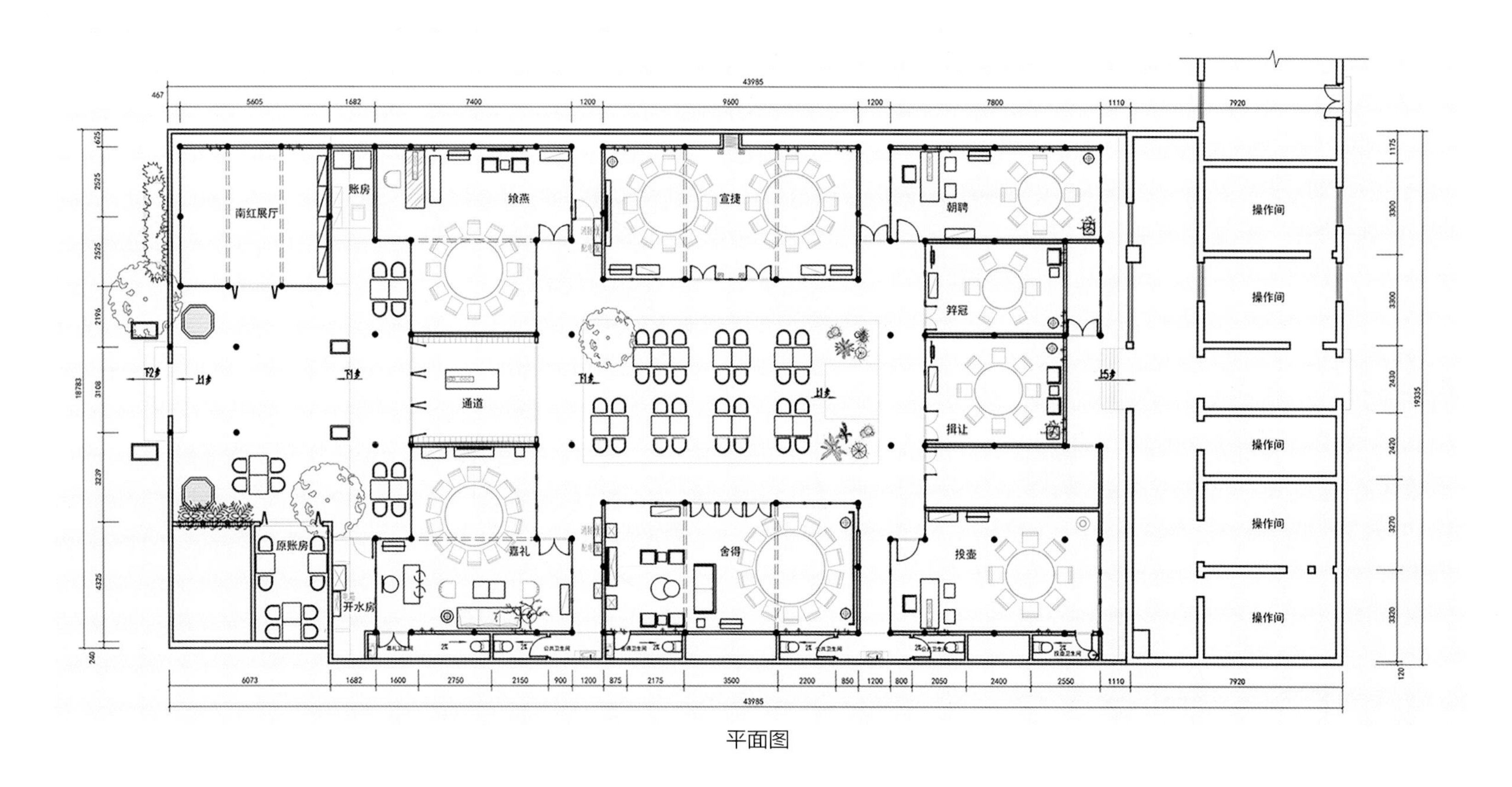

平面图

紫園
民以食為天

重庆秋叶日本料理北仓店

项目名称 _ *重庆秋叶日本料理北仓店* / **主案设计** _ *李益中* / **参与设计** _ *熊灿* / **项目地点** _ *重庆市江北区* / **项目面积** _ *400 平方米* / **主要材料** _ *砖材、水泥*

开拓屋顶花园平台是设计师特别有创造力的想法。南向有一棵巨大的参天古木，庇护着这个小房子，设计师削掉了一跨屋架建造了一个屋顶用餐平台。相信在好天气的时候，人们会超爱在这个屋顶平台上用餐。

设计与实施的过程趣事很多，而最有意思的是关于玻璃房天花的事情。设计师当初有一个设想，给出两套系统，秋、冬、春天保持通透，夏天装上百页。业主嫌麻烦，希望做成实顶的，为此他们还闹了点小矛盾；但后来当钢架焊出来，有一个基本的空间感觉之后，业主置身于美的环境之中，看着头顶上摇曳的树叶飘落，她改变了主意，这个顶就是要透明的，让身体完全融入自然之中。

餐厅入口选在东边，拾级而上。东边原来有 5 棵树，保留了 3 棵大树，拔掉了 2 棵小的，在地台上加建了玻璃房，设置入口玄关及两个包间，大树穿插在两个玻璃包间之间。基地西侧有一个老的工业厂房，体量较大，与老房子有 7 米的间距。在这里设计师设计了一片混凝土墙以阻隔对面老厂房的视线，同时设置了三个内向的小包间和一个天井。天井种植一棵枫树，春夏绿叶，秋天染红，冬天有枯枝，四时光景不同，将时间体验带进来。

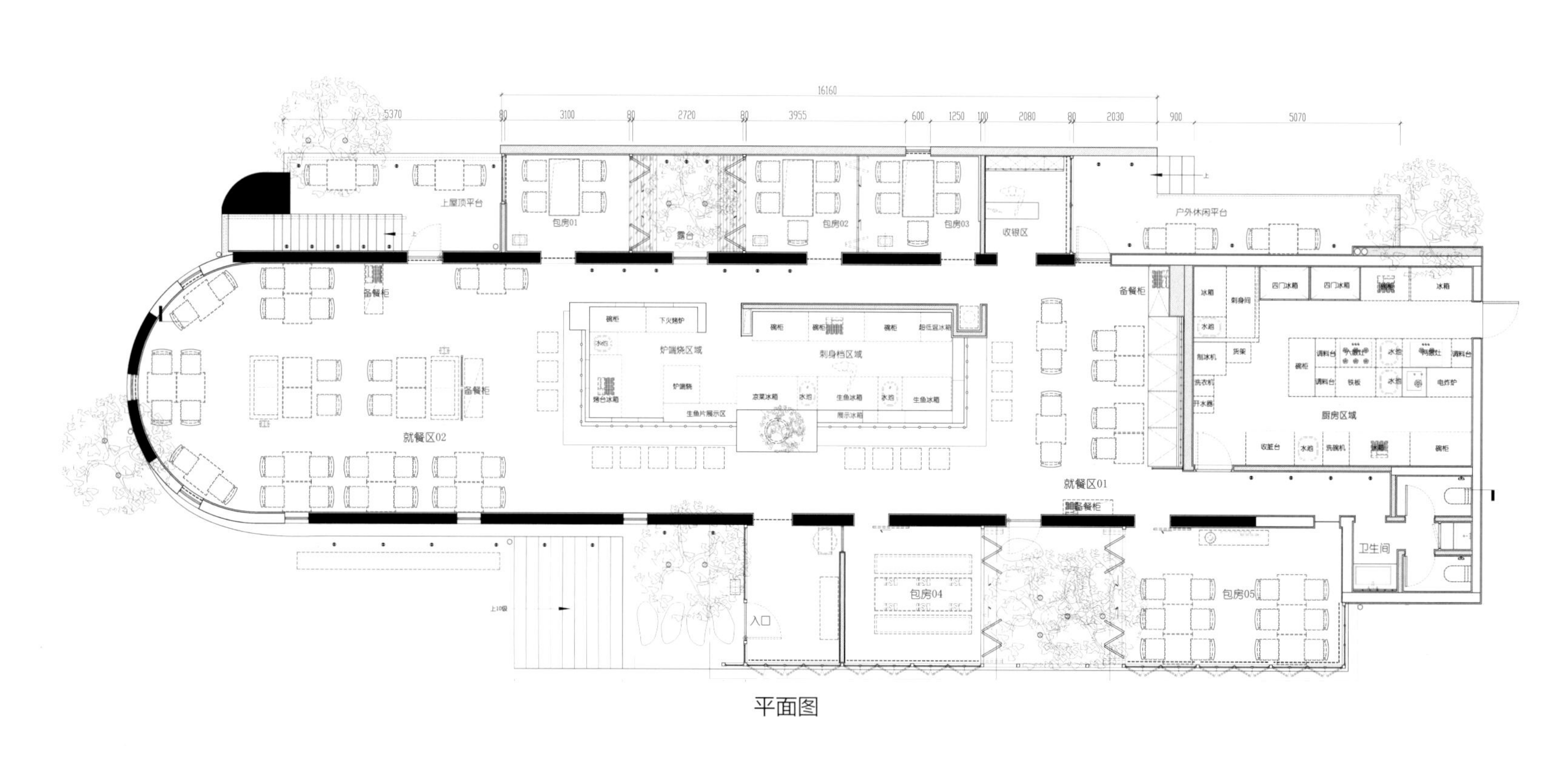

16160
5370
80
3100
80
2720
80
3955
600
1250
100
2080
80
2030
900
5070
上屋顶平台
包房01
露台
包房02
包房03
收银区
户外休闲平台
备餐柜
碗柜
下火烤炉
炉端烧区域
炉端烧
烤台冰箱
生鱼片展示区
刺身档区域
超低温冰箱
凉菜冰箱
水池
生鱼冰箱
展示冰箱
就餐区02
就餐区01
冰箱
刺身间
四门冰箱
制冰机
货架
洗衣机
开水器
调料台
铁板
电炸炉
厨房区域
收脏台
洗碗机
卫生间
包房04
包房05
入口
上10级

平面图

Retail
零售空间

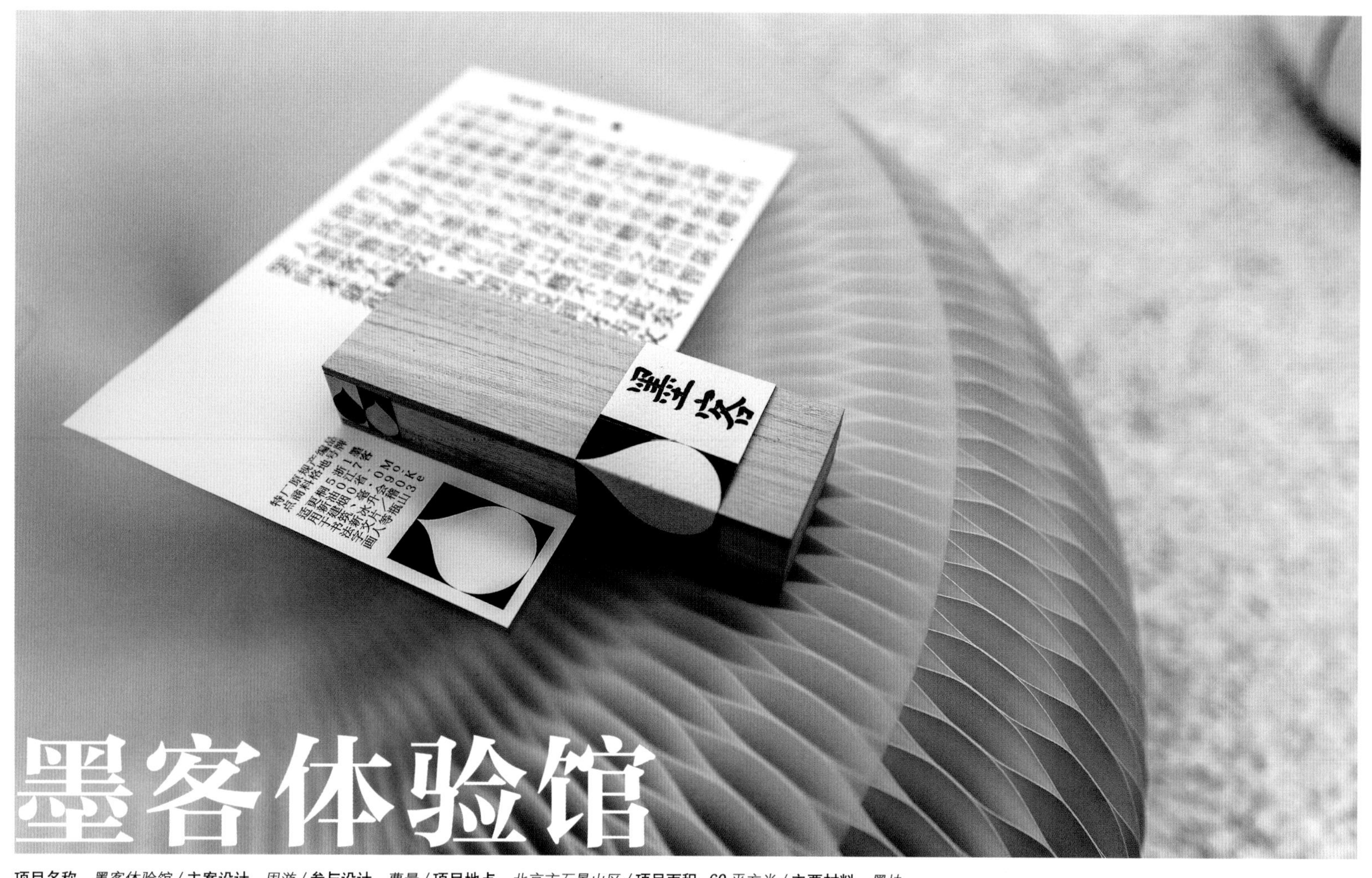

墨客体验馆

项目名称 _ *墨客体验馆* / **主案设计** _ *周游* / **参与设计** _ *曹量* / **项目地点** _ *北京市石景山区* / **项目面积** _ *60 平方米* / **主要材料** _ *墨块*

我们将墨客体验馆的四个空间分别打造成嗅、听、触、味的体验场所，并结合强烈的视觉冲击力将墨客的品牌理念从多个维度传达给消费者。

在听觉空间中，整个空间的地面铺满了墨块和鹅卵石。当顾客一踏入这个空间，便会听到墨块摩擦和撞击的声音。同时墙面上的幻灯将播放墨水的动画，使得顾客可以在同一时间感知到固态墨和液态墨的听觉形象。而两侧墙面上的镜面也使得原本狭小的空间得到延伸。

通过对墨客品牌的市场定位，我们将主要消费者锁定在“新文人”。他们喜欢传统的中国文化，但也接受最新潮的新鲜事物。所以我们在触觉空间内部悬挂大大小小不同的中文笔划，将这里打造成一个新中式的纹身馆。并通过纹身的方式，让墨客的产品与消费者做到更深层的接触。 最后的味觉空间是顾客的聚落场所，整个空间采用白色作为主要色调。

该项目中除了空间设计之外，我们也为墨客完成了 VI 设计和物料制作。我们选取环保纸作为主要材料来制作名片、信纸、包装等物料。环保纸是一种以废纸为原料，其原料的 80% 来源于回收的废纸，因而被誉为低能耗、轻污染的环保型用纸。选用这样环保的材料更加体现了墨客品牌的社会责任感。

墨客

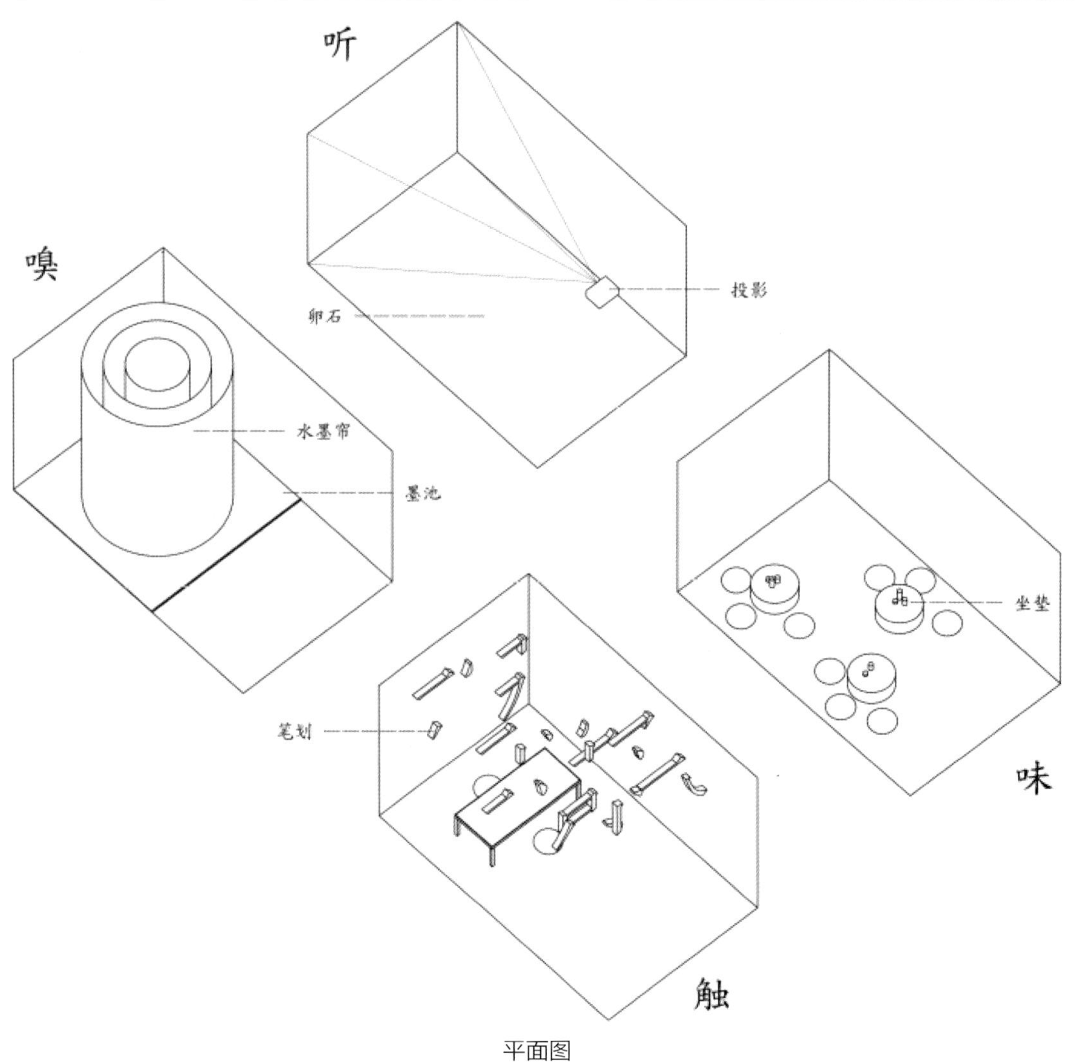

平面图

Grand Gourmet 旗舰店

项目名称 _*Grand Gourmet 旗舰店* / **主案设计** _ *王振飞* / **参与设计** _ *王鹿鸣* / **项目地点** _ *上海市静安区* / **项目面积** _*163 平方米* / **主要材料** _ *金属材料铜*

作为 GRAND GOURMET 品牌的旗舰店，需要为品牌树立独有的高端形象，与众不同，这里不仅是品牌的销售中心，同时还是展示中心与交流中心，定期举办的高端食品品尝和讨论活动为品牌扩展稳定的客户群体，也持续传达健康美味饮食方式的理念。

结合了传统的手工艺和当今最前沿的数字建造技术，设计师创造出了当代语境下的优雅华丽风格，很好地衬托了鹅肝酱世界高端美食的地位，店铺的设计结合了最前沿的设计和制造手段以及最传统的手工艺，店铺设计由特殊为其编写的计算机程序生成，六边形分型的几何规则组织了店铺所有功能，同时给了店铺很强的辨识性，最尖端的数字技术被用来制作店铺，如 3D 打印，激光切割，3D 雕刻等等。为了表达对纯手工鹅肝酱的尊重，很多传统手工艺也被应用，比如纯手工镶嵌铜丝水磨石地面，纯手工打磨的铜板，纯手工翻模铸造的展台等等，手工金属与石材的结合赋予店面华贵的气质，给人温暖的感受，同时烘托手工鹅肝酱在食品界的高贵地位。

空间十分灵活，东侧以展示区为主， 中部六角大铜桌则兼具展台功能以及举办美食活动时的餐桌功能，西侧为吧台区，平时供客人品尝鹅肝酱美食使用，举办活动时则为吧台区和操作展示区。厨房及办公则位于整个店铺的最西端，整体店铺空间布局分区明确但同时空间具有很强的流动性，可以适应不同的活动需求。

选用环保的金属材料铜作为主材之一，手工打磨的铜板衬托出鹅肝酱的华丽气质，手工镶嵌铜条的水磨石地面也是为店铺特殊打造，顶部使用的 GRP 也是利于造型的环保材料。

GRAND GOURME

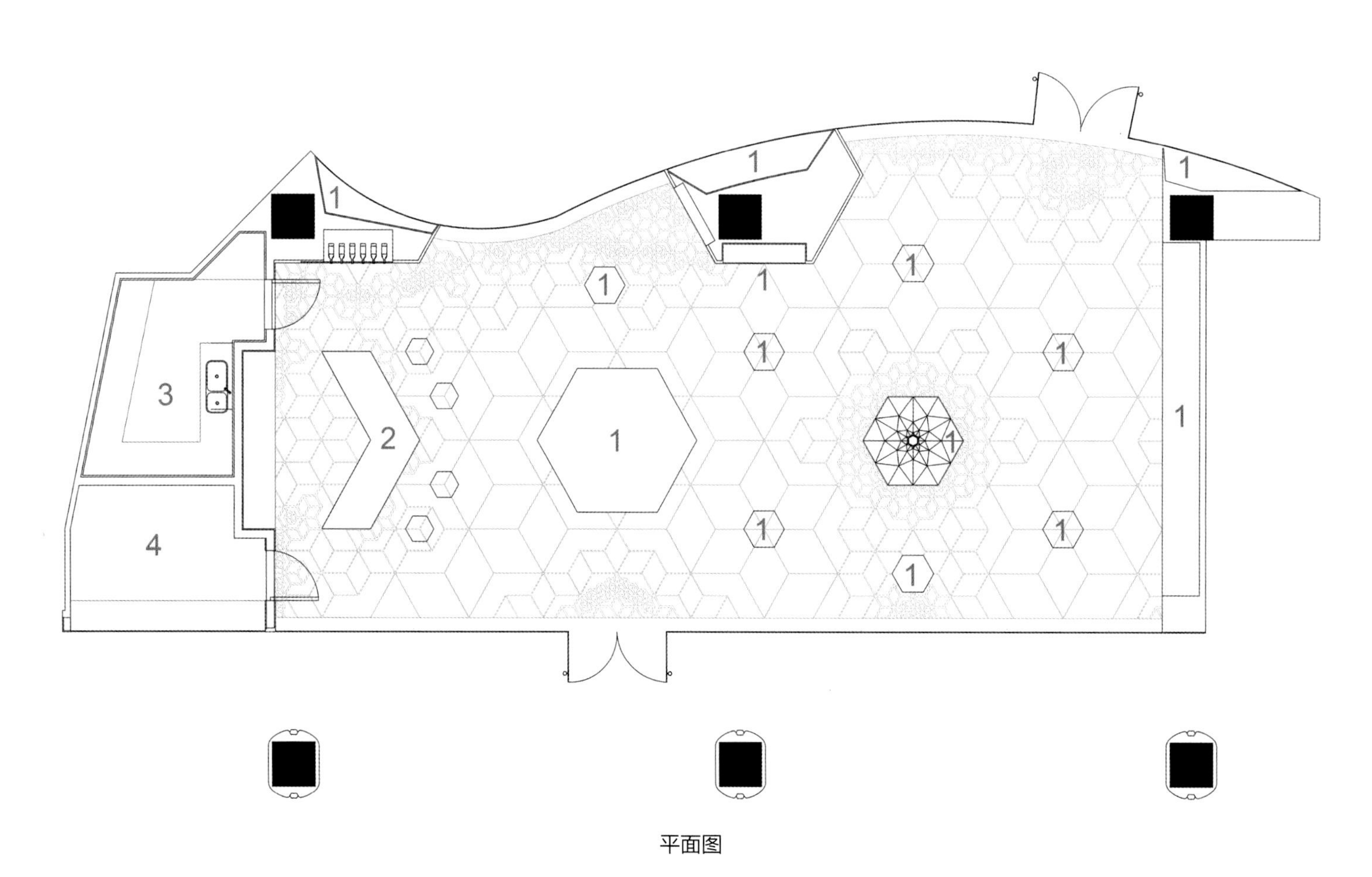

平面图

GRAND GOURMET

英国鲁伯特·桑德森

项目名称 _ *英国鲁伯特·桑德森* / **主案设计** _ *陈纪中* / **参与设计** _ *蔡曜牟* / **项目地点** _ *中国台湾* / **项目面积** _ *105 平方米* / **主要材料** _ *金属*

品牌形象塑造是现在所有从事设计艺术工作者最关心的题材之一。其中最热门的话题总是围绕着如何在通过对于品牌的了解去加以分析并且创造一个独一无二的元素来突显品牌自身价值。一个成功品牌的背后除了商品、故事与文化的核心元素之外，设计的价值即在于如何充分地了解这些元素并且能够透过特殊专业手法来加以诠释给观众。这些元素则在设计师的解读之下逐渐成型而透过各种不同尺度的设计物件来表现与反应该品牌的艺术核心价值。

设计的灵感来自于 R.SANDERSON 本身的产品亮点，高跟鞋。当设计师开始想象，研究，理解与分析品牌的价值与故事，很自然的，高跟鞋本身工艺的轮廓与优美的弧线成为了空间建筑设计的重要语言之一。当透过分析与研究得出的结论之后，剩下的空间参数也会依照这个设计原则而找到方向。设计师引用了参数设计的思考模式研究产品与用户之间的互动而给出比例数据，进而套入使用者在空间内如何走动、触摸、观赏与购买产品的整套商业流程。在这个过程中，材质比列透过木皮的延续性和流动性间接地牵引了使用者在空间内走动的速度与视觉的延伸。整个空间布局为单一方向的循环性的动线布局。为了严格遵守一开始的品牌定位概念，空间整体布局也是依照高跟鞋本身的尺度定位来决定入口、展示区、过渡区，以及 VIP 区域。

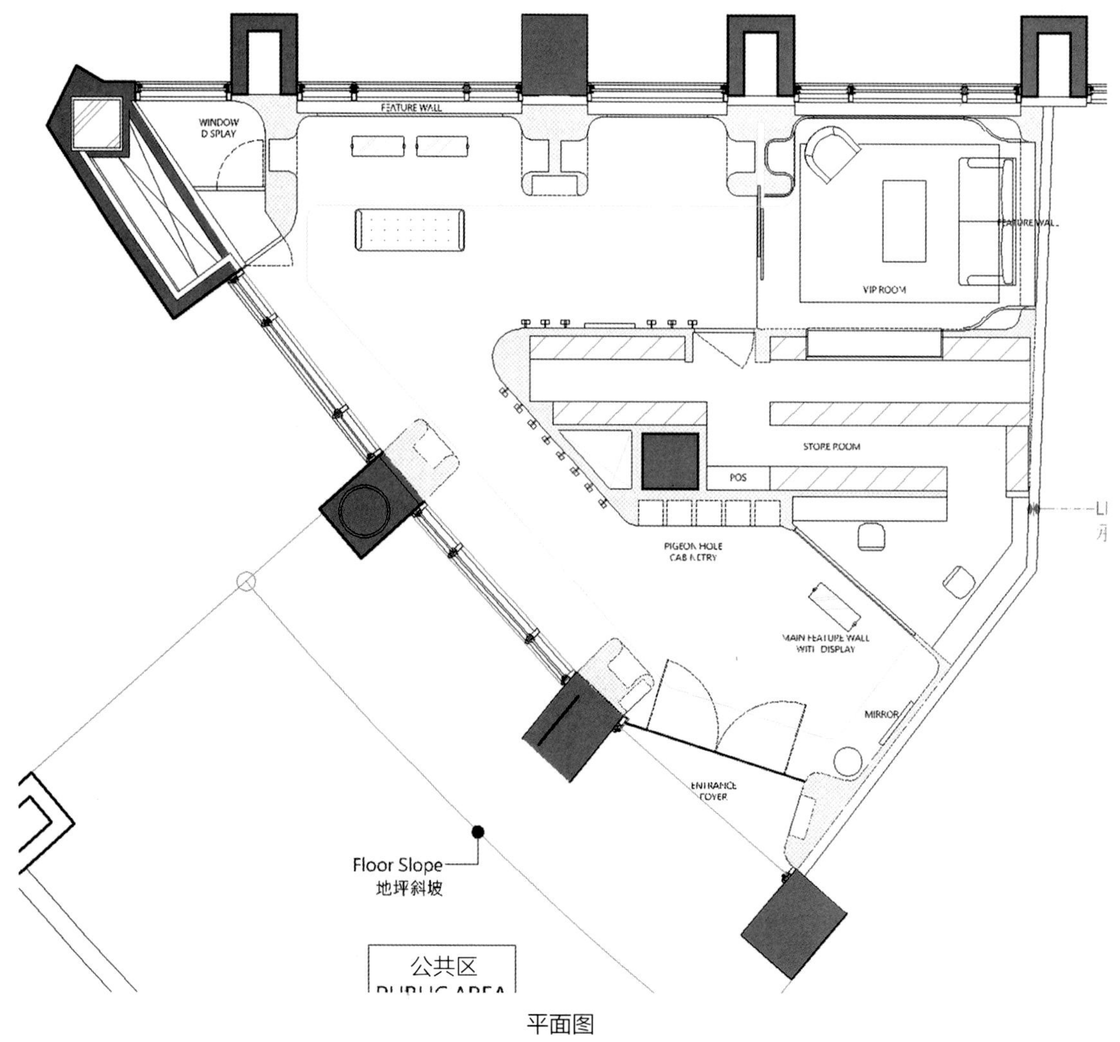

FEATURE WALL
WINDOW DISPLAY
FEATURE WALL
VIP ROOM
STORE ROOM
POS
PIGEON HOLE CABINETRY
MAIN FEATURE WALL WITH DISPLAY
MIRROR
ENTRANCE FOYER
Floor Slope
地坪斜坡
公共区

平面图

R·SANDERSON
LONDON

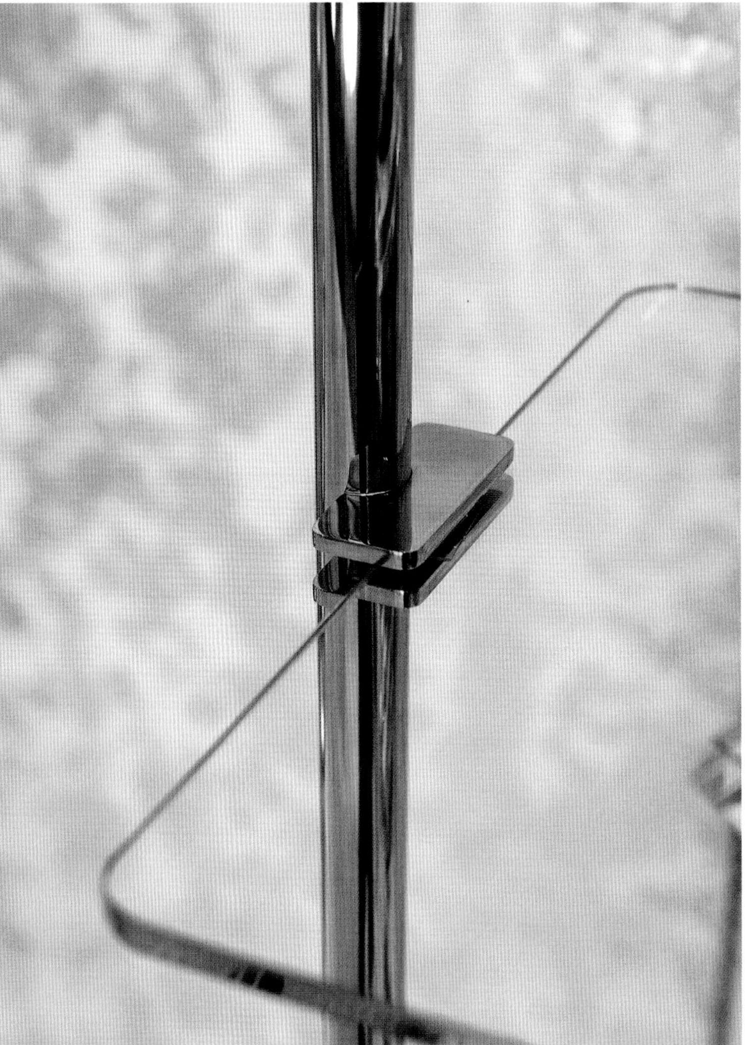

圣安娜生活空间

项目名称 _ *圣安娜生活空间* / **主案设计** _ *叶瑞强* / **参与设计** _ *庄巧萍* / **项目地点** _ *福建省厦门市* / **项目面积** _ *1200 平方米*

圣安娜生活空间处于现代严谨，快节奏的商业办公区，室内空间以简朴、舒适、随意的特点，同时强调返璞归真的生活状态，运用简约的设计，营造出舒适悠远的韵调给人很强的吸引力，简洁的设计方式使得设计的结果无论立体还是平面空间都显得十分精炼，展现一种生活的最初的本真状态。

席坐煮茗，品味茶香，人生如禅茶，香自沉浮来，在沉沉浮浮中，选择了清淡和超然，简单而豁达的生活态度。朴素、随意的办公环境空间，展现出的是一种朴素、简约之美。

空间运用了互动的手法，让空间与空间之间相互交流，楼上与楼下之间不在是孤立的空间，让它们之间有了联系。在严谨、快节奏的商业办公环境中，让顾客在恬静怡然的空间最能让躁动的心沉静下来万物终归宁静，心静了，便能泰然面对一切，内心得以宁和安然，静如止水。

体现出时代、生态、环保、智能、设置、中央净水，软水，新风系统，地热系统，中央空调，声光等智能设计系统。

Be
HC28
Be
FRESH
Be
COOL

一层平面图

海口新城吾悦广场

项目名称 _ *海口新城吾悦广场* / **主案设计** _ *陈诚* / **项目地点** _ *海南省海口市* / **项目面积** _ *20911 平方米*

设计灵感来源于大自然，以水的柔美线条作为贯穿整个商场空间的主打元素，再以水滴状的造型，排列组合点缀，与之相结合，营造浪漫的空间氛围，提高顾客购物的体验感。

主入口的天花以北斗七星的形式呈现，犹如银河一般，成为整个商场的记忆点。

合理设置“慢空间”，引导并吸引受众，衔接起来产生最适动线。

分析当地的气候与文化特色，“就地取材”与结合新型环保材料呈现最优效果。

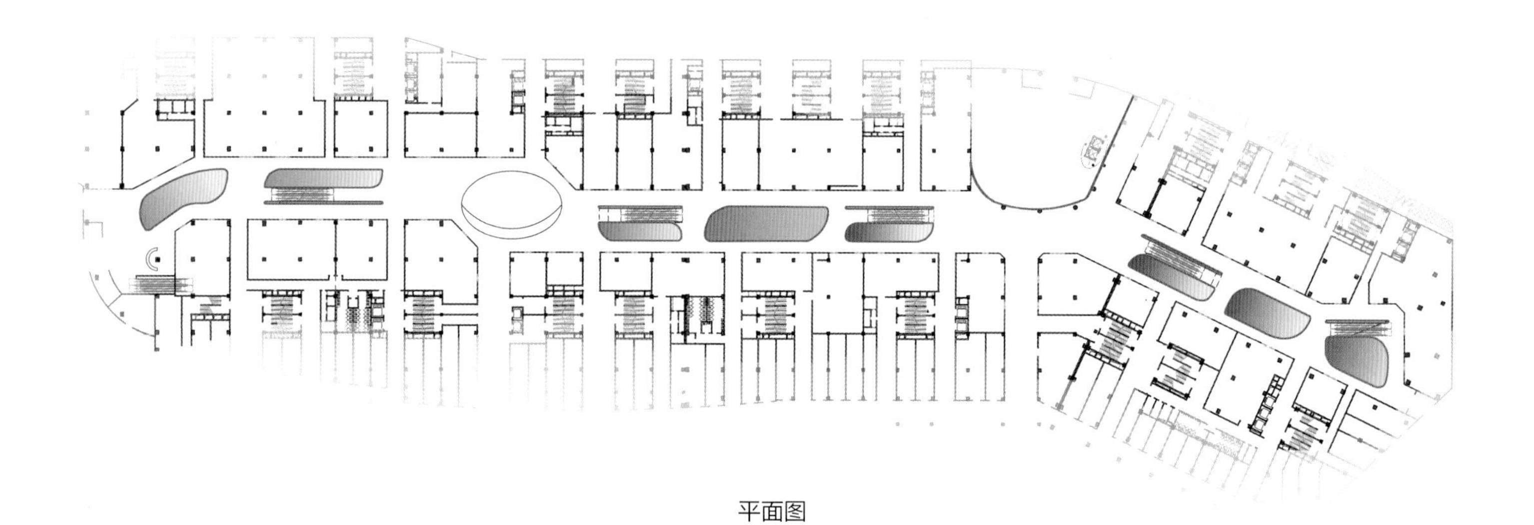

平面图

L1
L1

MINZE-STYLE 名师汇

项目名称 _*MINZE-STYLE 名师汇* / **主案设计** _*何华武* / **参与设计** _*刘任玉* / **项目地点** _*福建省福州市* / **项目面积** _*1200 平方米* / **主要材料** _*钢板*

“MINZE-STYLE”一直是中国时尚潮女装行业领先性品牌，他继承著意大利时尚传统魅力设计风格，结合东方大都市女性的形体美及世界各地不同流行元素。

“MINZE-STYLE”时尚女装突显大都市国际化品质和中西兼容的文化格调，个性而不张扬，时尚传承经典，经典与灵魂的结合。

内部空间希望呈现一种原始野性的魅力，采用钢制的表皮带来一种现实感。这种“直白”式的架构材料，空间所形成的直接性与朴素性，加上大尺度的钢板落地产生的力量感或轻盈感，使整个空间与原有场地建筑取得一种时间与空间的接续关系。利用“拱”多变的空间特性，产生不同的空间，打破了均质的体验。这是一个回忆的过程，再一次将建筑的体量与空间对话，越是简单的形体逻辑，越能给人带来深刻的印象，弧拱曲线柔和，呈现不同角度的美感。

我们试图转化传统"拱"，让"拱"在均质呆板的现代空间上制造新的突破，获得自然能量并把它转化为空间秩序。浓烈的空间美感，显示该品牌的重要意义。弧拱同空间一、二层相连，创建出有趣的空间状态，吸引顾客的好奇心。

纤细的木屏风结合货架矗立在边界处，渲染了空间和室内饰面的丰富多样性，建筑元素显露材质原始的质感，烘托服装的品质，这种手法为整个店铺灌注纯粹的气氛，隐喻品牌的精神。天井楼梯释放出不同光影效果，使整个空间与建筑取得一种时间与空间的对话。

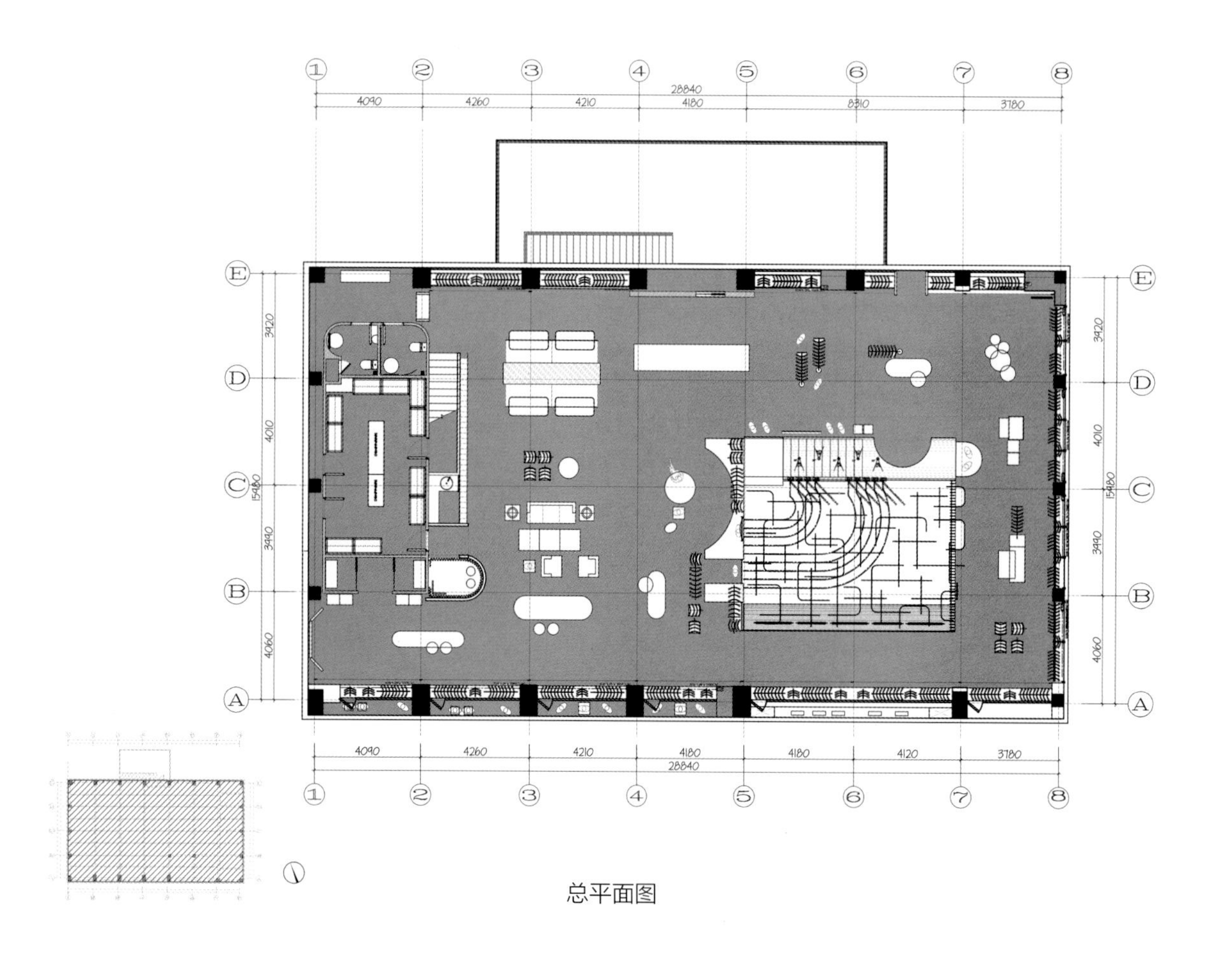
1
2
3
4
5
6
7
8
28840
4090
4260
4210
4180
8310
3180
E
D
C
B
A
3420
4010
15480
3940
4060
4090
4260
4210
4180
4180
4120
3180
28840

总平面图

境·趣

项目名称 _ *境·趣* / **主案设计** _ *何启林* / **参与设计** _ *孟繁峰* / **项目地点** _ *江苏省南京市* / **项目面积** _*500 平方米* / **主要材料** _ *洗石子*

卡迈砖展厅前几年早有所涉及，这次客户又找到我们，希望打破样板间霸占砖展厅的传统模式。这些年国内外大大小小的砖品牌展也看过许多，但脱离了传统的样板间，如何彰显砖的质感，又能让消费者很直观地感受整体铺贴效果呢？

我们把“境·趣”的概念引了进来。“境·趣”可以理解为创造一个有趣味的环境。我们希望客户在展厅中看到的不是一间一间的卫生间和厨房，而是一个个有趣味的小情境。不需要一间房，可能一面墙就能很好地展示出砖的质感和铺贴效果。同时也增加了出样量，给消费者更多的可能性。但如何处理好每个小情景，每个情景搭配与此相呼应的系列产品，需要琢磨。

一个好展厅的规划设计在于人流动线的设计。本案位于商场的核心位置，四面通流，两面朝内两面朝外。如何引流，我们考虑了很多，对于入口的选择，以及入口的造型设计都下了一番功夫。朝内的两面是主人流区，解决主入口，朝外的两面更多的考虑店面宣传。半入式异型入口，打破空间的规整性，吸引人流。展厅内部人流动线采用环绕式，便于消费者选样和导购引导。休闲等待区分散在展厅的每个角落，不同的休闲方式，不一样的趣味。

VIVES
RIFT
60X120

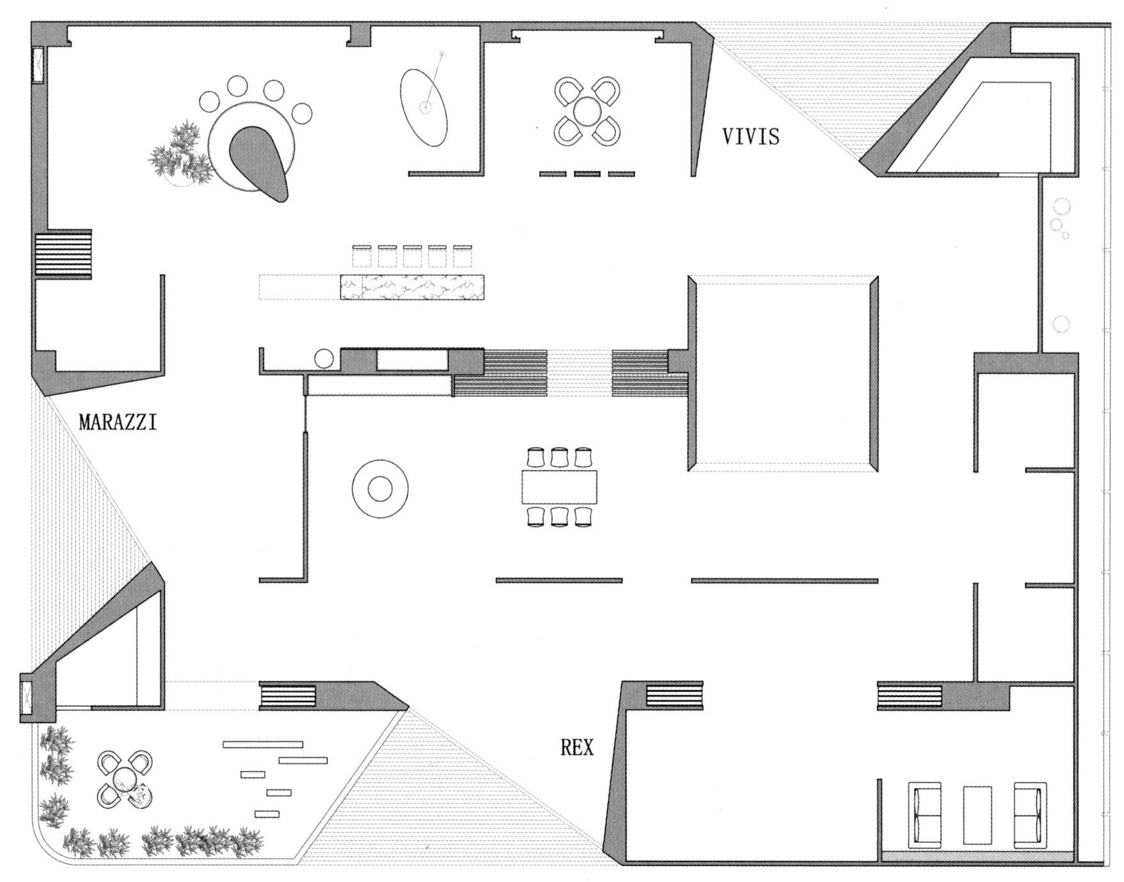

平面布置图

LSTONE 80X180

SOHO

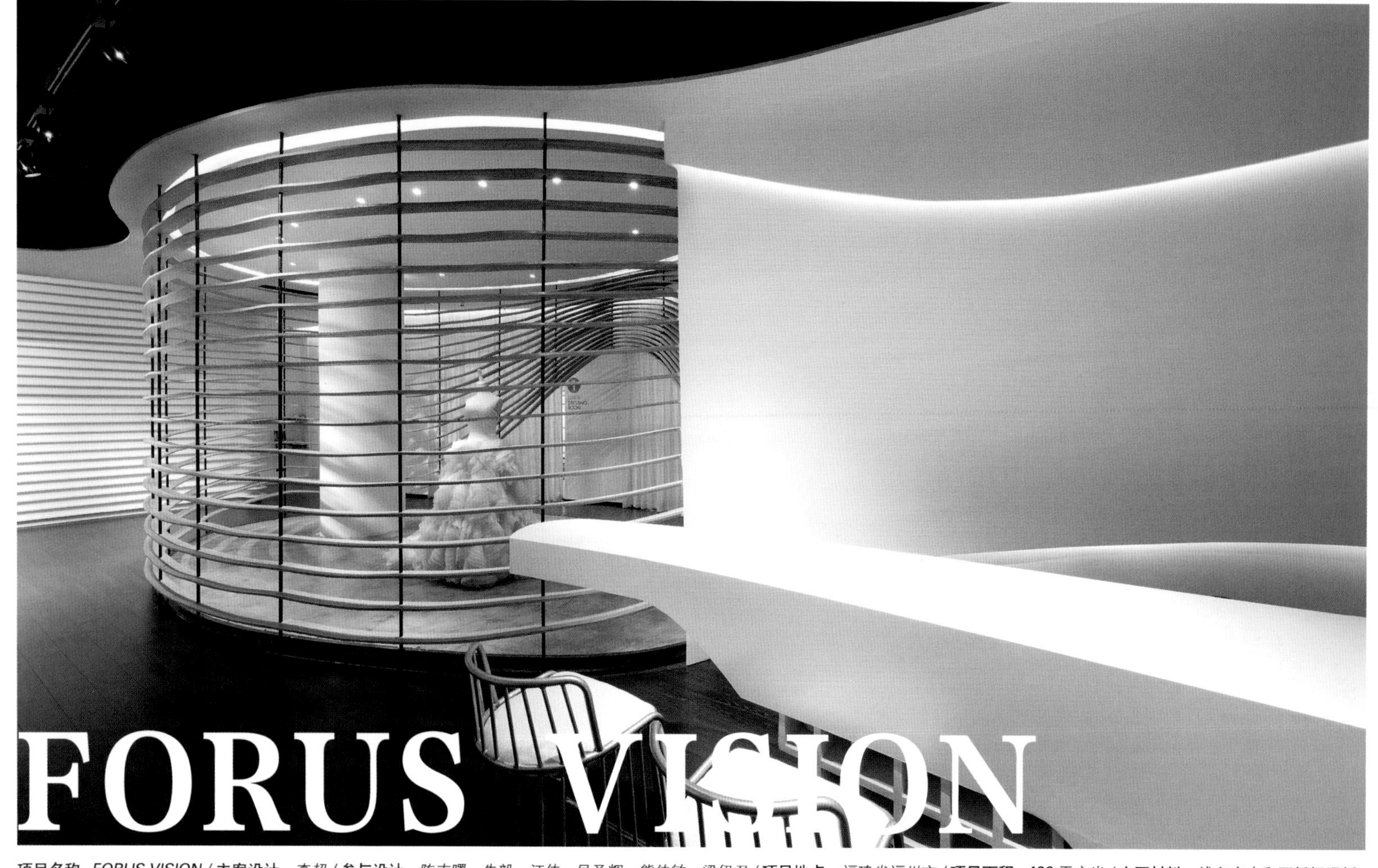

FORUS VISION

项目名称 _FORUS VISION / **主案设计** _ 李超 / **参与设计** _ 陈志曙、朱毅、江伟、吴圣辉、熊佳敏、梁伊君 / **项目地点** _ 福建省福州市 / **项目面积** _429 平方米 / **主要材料** _ 浅色实木和不锈钢泥板、砚石、黑钛、橡木、硅藻泥、木纹铝合金

设计师运用婚纱随风飘逸时呈现的流动曲线，以温暖柔和的原木色调呈现，就像一对即将步入婚姻殿堂的新人，柔软而美好。

在新郎掀起新娘头纱亲吻的那一瞬间，摄影师按下快门记录幸福，而正是这一幕，给本案设计师带来了无限灵感。飘逸灵动的头纱，被转化为流畅的线条，层层叠叠的婚纱，被运用到室内的结构上，结合空间的廓形变化和材质变化，制造出律动柔美而流畅的视觉感受。

光与线，线与面在空间中相互叠加、交错，空间的灵动在平衡与失衡之间被组合结构，再而重新定义。新人们在这里用影像记录幸福瞬间，也从这里携手爱人，带着对美好生活的期待，一起奔向人生的下一段旅程。

空间构成主要采用了浅色实木和不锈钢材质这两种元素，运用简洁、朴实的设计语言描绘出空间的幸福感，置身其中，仿佛可以感受到蕾丝薄纱的轻盈浪漫，更有温暖舒适的安全感。

整个风格非常适合当下，设计元素的运用也符合店铺的主题，非常棒的一次合作。

FORUS
FORUS

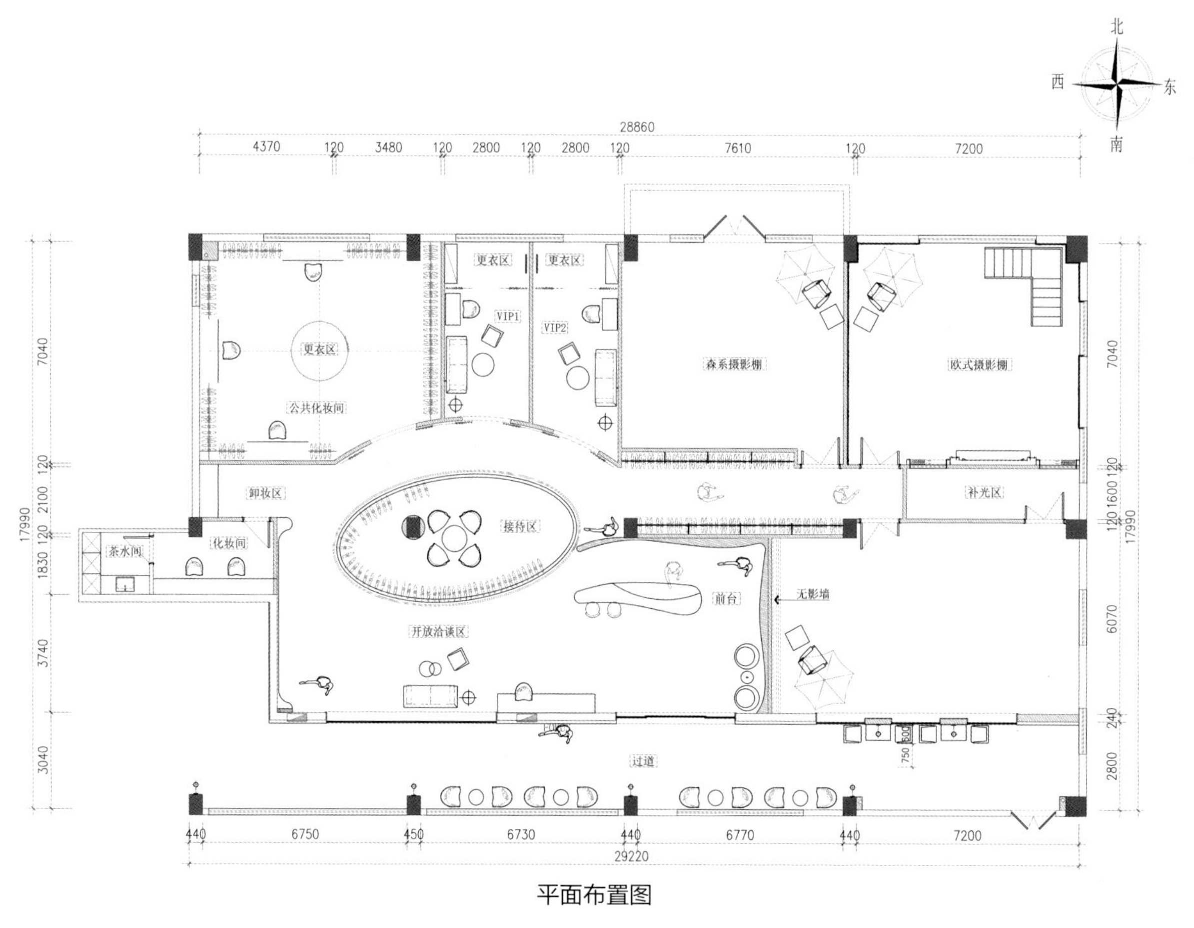
北
西
东
南
28860
4370
120
3480
120
2800
120
2800
120
7610
120
7200
更衣区
更衣区
VIP1
VIP2
更衣区
公共化妆间
森系摄影棚
欧式摄影棚
卸妆区
接待区
补光区
茶水间
化妆间
前台
无影墙
开放洽谈区
过道
7040
120
2100
120
1830
3740
3040
17990
7040
120
1600
120
6070
240
2800
17990
750
440
6750
450
6730
440
6770
440
7200
29220

平面布置图

VIP1
DRESSING
ROOM

爱丽宫珠宝定制中心

项目名称 _ *爱丽宫珠宝定制中心* / **主案设计** _ *胡迪* / **项目地点** _ *安徽省合肥市* / **项目面积** _ *220 平方米* / **主要材料** _ *不锈钢、白色大理石*

此案一改传统珠宝店的奢华绚丽风格，过于商业化的格调，业主的理想是打造“一个不像珠宝店的珠宝店”。

设计师以建筑的语言，通过独特的解构，创造出与众不同别具一格的展示空间，以朴素自然的方式表达珠宝出自天然的理念。

在不到两百平方米的空间中，以建筑的语言创造出有趣的空间关系，划分出四个体块，分别展示不同类型的艺术品，内部结构高低错落有致，层层展开，循环往复，动静分区，水系与景观贯穿其中，意境无穷。

采用仿铜不锈钢、白色大理石、天然面石材、榆木板、色调简约、营造低调而奢华的环境，衬托出珠宝的绚丽华美。

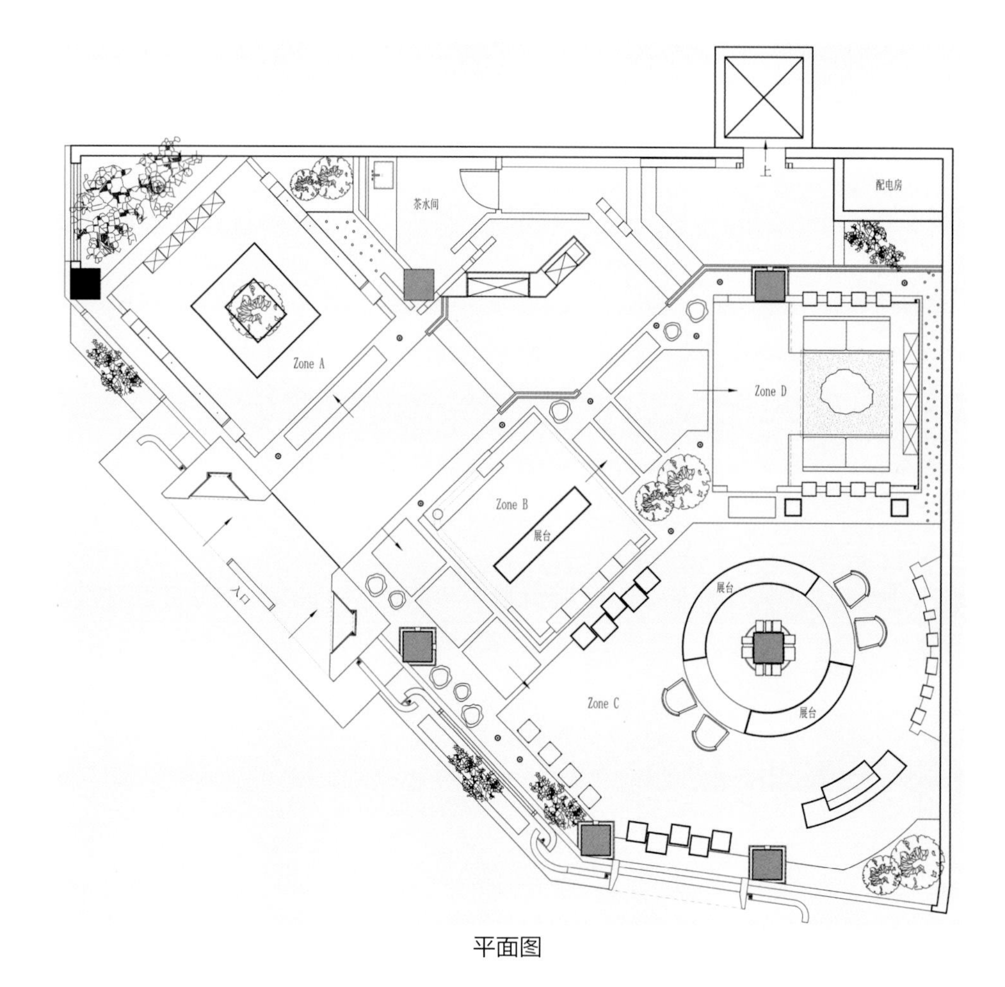

平面图

荟所 vigourspace

项目名称 _ 荟所 vigourspace / **主案设计** _ 王海 / **参与设计** _ 姚伟国、苏阳、陈颖 / **项目地点** _ 江苏省无锡市 / **项目面积** _ 1200 平方米 / **主要材料** _ 水磨石、面包砖、水曲柳

新零售体验业态。

区别于传统零售业形象，建立一个轻松，体验共享的新消费环境。

削弱主动线的布局，让公共空间和产品体验融为一体。

VIGOUR
VS
SPACE
M
MYLAB

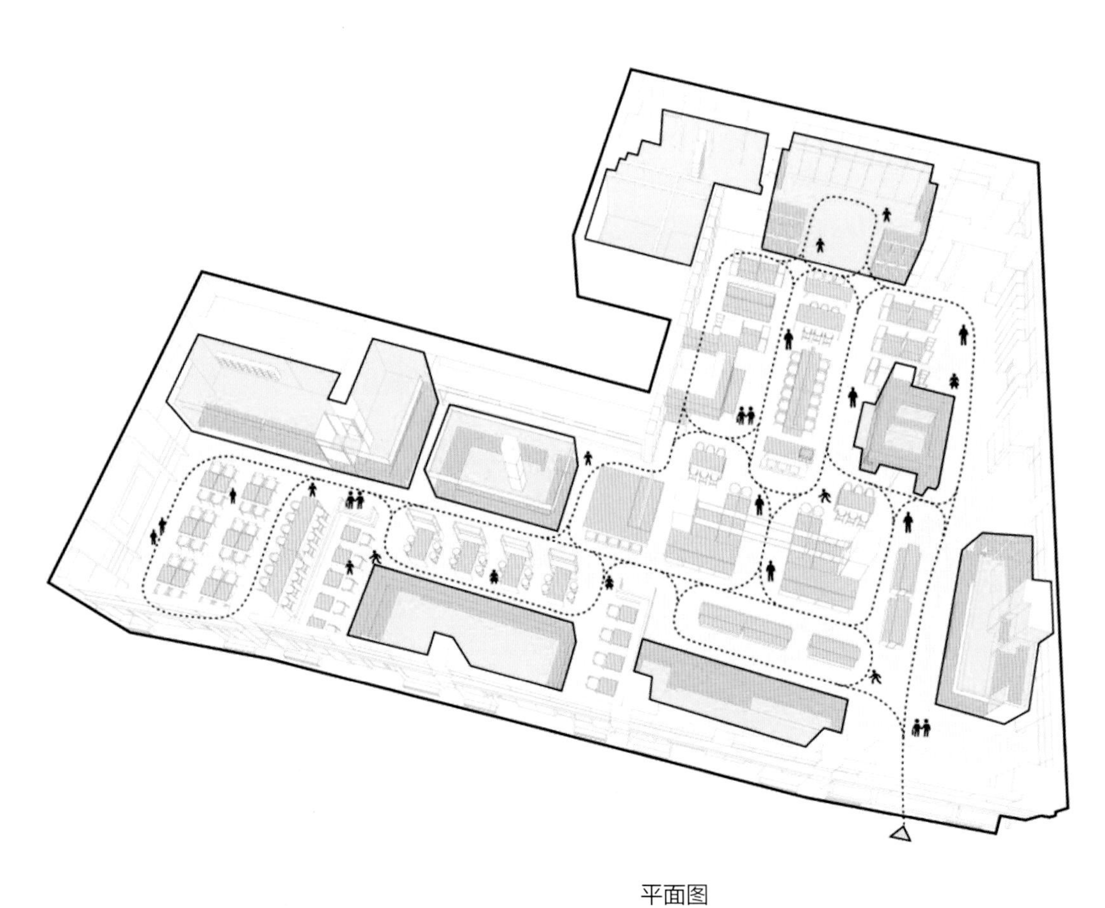

展示/交流

活动区域

流线

主入口

平面图

Vigour Space荟·所

木德木作欧洲生活馆

项目名称 _ *木德木作欧洲生活馆* / **主案设计** _ *宛佩* / **项目地点** _ *湖北省武汉市* / **项目面积** _ *710 平方米* / **主要材料** _ *素水泥*

木德木作智能家居全屋定制服务，以倡导欧洲生活、欧洲居家高品质的生活态度，体现自然与理性的特点。整体以舒适自然北欧风格的中性色调，搭配木制家居，更好地放大产品自身特性。

室内空间的天、地、墙摒弃过多的装饰手法，以大体块的结构关系对功能做了分区，既保证整体的协调性，又突显乐趣，激发客户情景体验及探索，力求产品价值最大化。

空间布局意图打破无序格局，以大空间形式体现都市快节奏的生活，大空间形态以切角及线面连续性叠加、交融变幻的形式，形成极富有视觉张力的多功能开放空间。形式上简洁、功能化且贴近生活，舒适更富有人情味。

主要以素水泥，刷漆壁布，玻璃等朴实的材料配合产品，集成板的生态环保，满足了人们既想要亲近自然，又注重环保的设计需求。

平面图

magmode 名堂

项目名称 _*magmode 名堂* / **主案设计** _ *刘恺* / **项目地点** _ *浙江省杭州市* / **项目面积** _*600 平方米* / **主要材料** _ *水磨石、黄铜、真皮、乳胶漆*

品牌有多种的表达方式，有单一调性的表达，也有多元化的呈现，这点和杂志相仿，杂志有统一的调性与价值观，通过不同的内容与读者建立联系，而品牌通过不同的产品与顾客建立联系，其中的逻辑性、更新性、连续性均有共同点。magmode 是一个多设计师的集合品牌，需要统一的概念来表达整个品牌的逻辑，RIGI 在 magmode 的设计中，希望在终端中建立一个新的概念——立体的杂志，可以阅读的店铺。

RIGI 将空间的不同功能区定义为杂志的不同板块，店招就是一个品牌的封面，而入口有一个当季设计的目录区，每一个展示区被定义成不同的页面，像杂志一样在空间中提供不同的内容，及时更新的概念无处不在，品牌背景墙被定义成杂志的当季简介，这一切的设计构成了一个统一的概念，一种统一的多元。

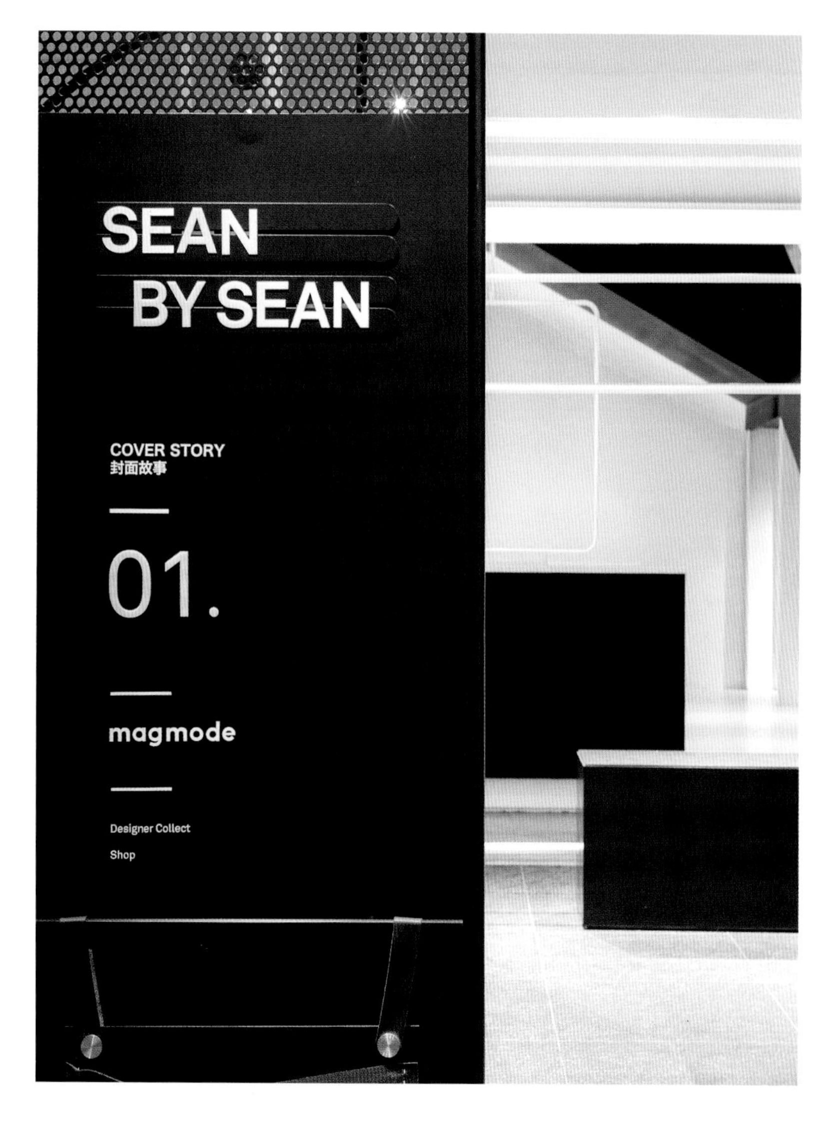

SEAN BY SEAN
SEAN BY
SEAN
01.
magmode
02.
M
Arc Atelier
Jia Zheng Xu
MATTITUDE
MASHA MA
SEAN BYSEAN
SEAN SUEN
SENA

M
1F

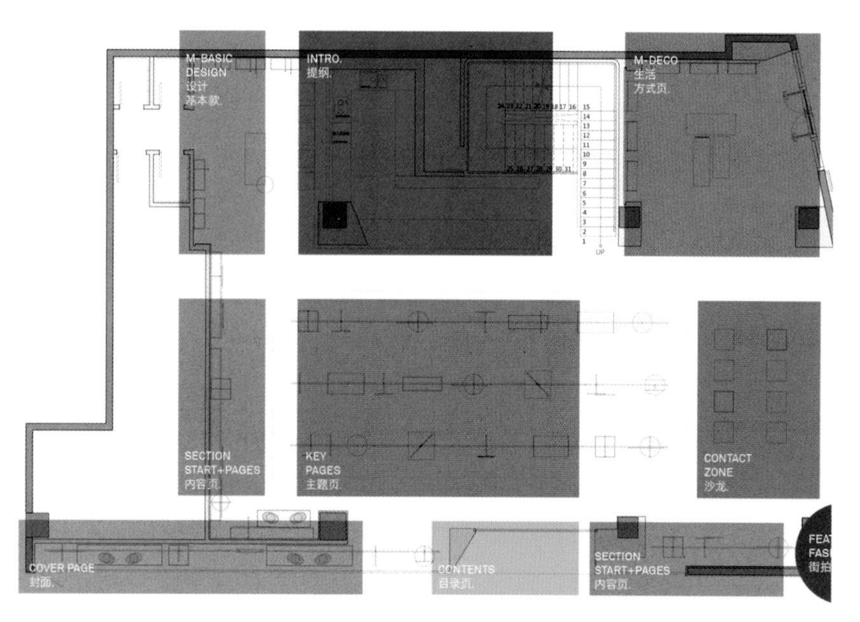
M-BASIC DESIGN 设计基本款.
INTRO. 提纲.
M-DECO 生活方式页.
SECTION START+PAGES 内容页.
KEY PAGES 主题页.
CONTACT ZONE 沙龙.
COVER PAGE 封面.
CONTENTS 目录页.
SECTION START+PAGES 内容页.

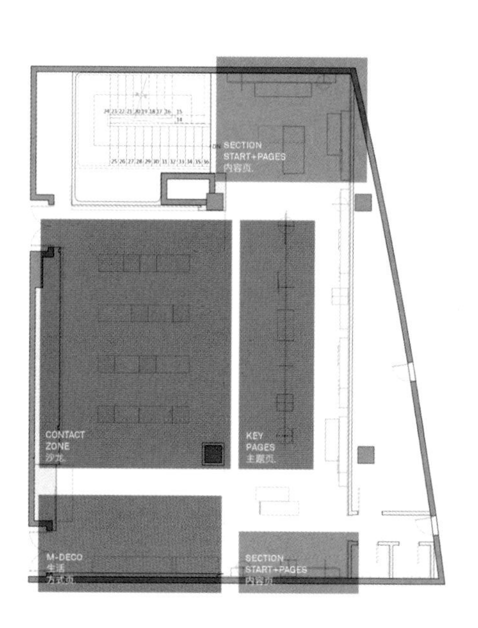
SECTION START+PAGES 内容页.
CONTACT ZONE 沙龙.
KEY PAGES 主题页.
M-DECO 生活方式页.
SECTION START+PAGES 内容页.

平面图

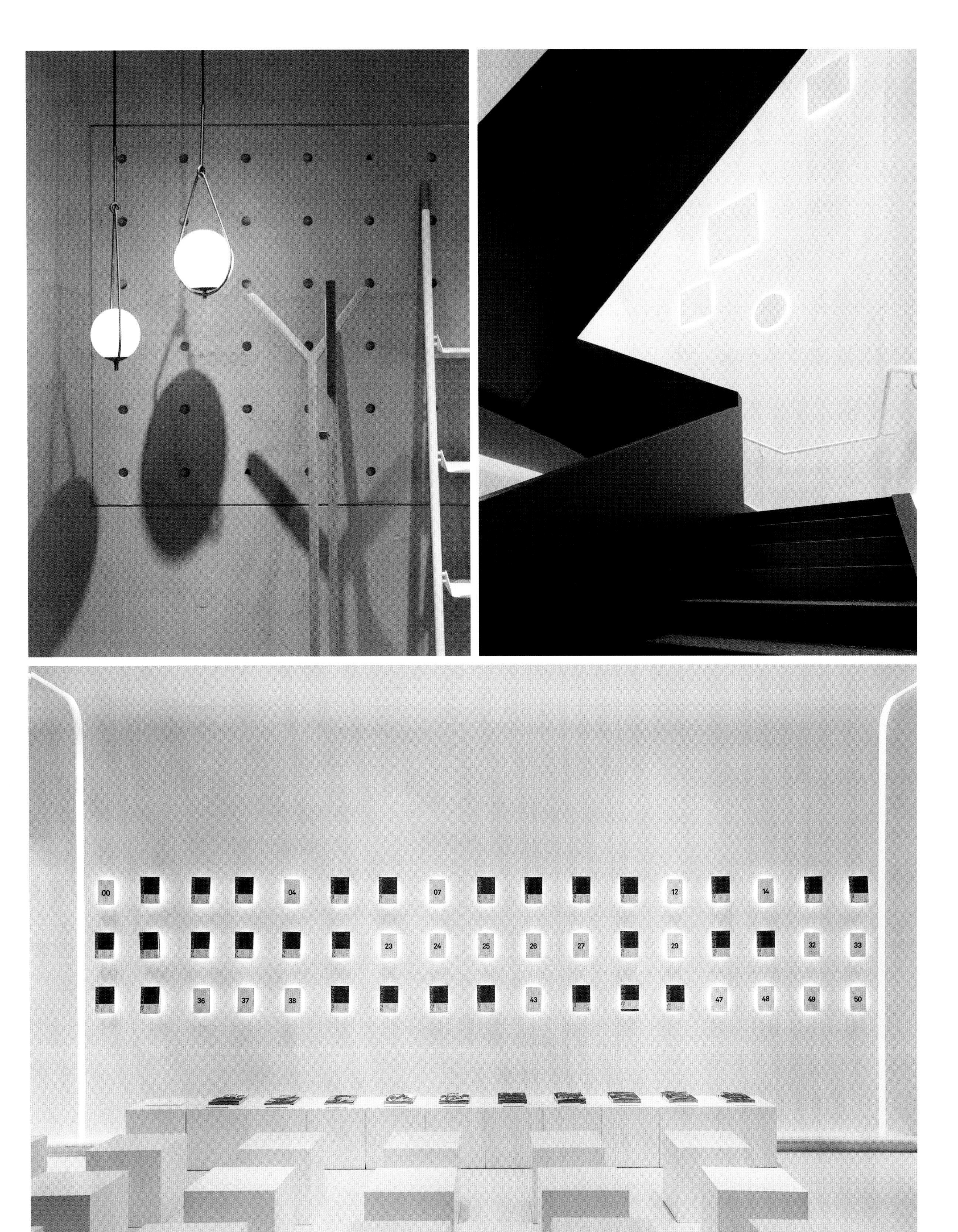
00
04
07
12
14
23
24
25
26
27
29
32
33
36
37
38
43
47
48
49
50

Lava——平客燃木壁炉展示

项目名称 _Lava——平客燃木壁炉展示 / **主案设计** _孟繁峰 / **参与设计** _席冬 / **项目地点** _江苏省南京市 / **项目面积** _300 平方米

其实我们的概念是两条线带来的灵感，一条源自那片东倒西歪的树林，我忽然想起我住过的酒店"蓬家森林"打开落地门算是茂密的树林。我希望这个项目是一个室内空间与室外空间对话的空间，另一条则是熔岩——LAVA，那熊熊燃起的火焰犹如火山喷发后流淌的熔岩，四周是黑色的火山灰，而滚烫的熔岩是如此慑人内心。最终案子是围绕着这两个感觉合成了这个案子。

建筑在原有的基础上，我们做了新的构架。以"遮南挡北，吞东围西，连通主体"的思路将南侧规划的停车场一侧的窗体全部遮蔽，北侧尚未租出的建筑用景观的方式做了遮挡，东侧茂密的树林，删减杂草朽木，覆盖污水沟形成一侧能呼吸的外院。西侧的灯光球场对室内的影响也是巨大的，我们建起了围墙，遮挡了项目与园区的沟通，自成一个体系。第二步是将两个独立的盒子以中庭的形式连通起来，形成一个完整的主体，你中有我，我与你存在距离，同时产出了一个共有的庭院。结构的重新组合形成了三庭，二厅，一廊，一花园的构架，整个建筑内侧被完全打开，空间完全释放，整个外围被完全封闭，不受干扰。

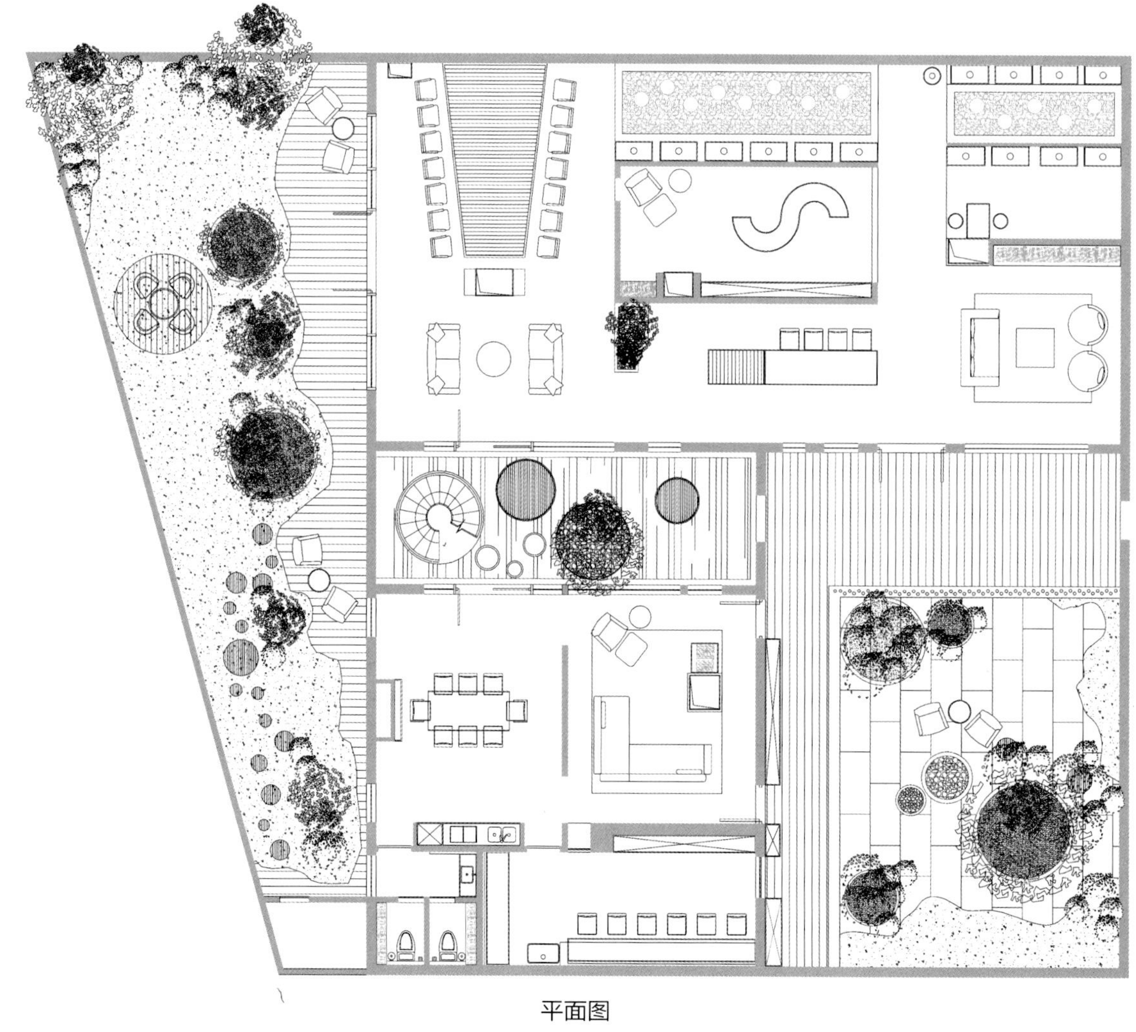

平面图

国酒茅台黄瓷瓶深圳旗舰店

项目名称 _ *国酒茅台黄瓷瓶深圳旗舰店* / **主案设计** _ *申倩* / **参与设计** _ *高雄* / **项目地点** _ *广东省深圳市* / **项目面积** _ *47 平方米* / **主要材料** _ *钢化玻璃*

茅台——百年传统形象深入人心：作为茅台新升级产品，必须有延续茅台文化脉络，并且颠覆百年茅台零售店形象，把茅台黄瓷瓶体验店打造成为中国酒类奢侈品展示空间，只展示不零售。

方寸之间，运用中式太极空间设计手法，方寸空间交错回旋的极致运用。 入户长廊、空中花园、展示空间、客户休息区、前台、卫生间、楼梯、二楼 VIP 品酒区、茶水吧、两个货物储藏空间。十个功能空间高低、错落、借位、融合、形成完美空间。一层入户门厅，印章为设计灵感，方正极简，地面光带好似月光照在湖面上，水气烘托空间的朦胧感，正面光带映衬下那一尊茅酒神圣，但却触手可及。右边那一轮明月让空间顿显灵气。门厅的左边隐形门内设计了大面积的柜体储藏空间，让几平方米的空间功能、美观、意境、艺术融为一体。设计师充分利用门厅上方的空间设计成为空中花园，让空间多了一个世外桃源般生态空间。门厅位置的穿插， 二层品酒区鸟笼从天而降。二楼品酒区域 4 米的跨度，设计师巧用反吊梁的钢架结构从顶面处理反吊承重的问题，取消承重柱，保持了空间的完整性。原建筑不规则的异形空间在圆形鸟笼阁楼的设计中，显得圆满合适。

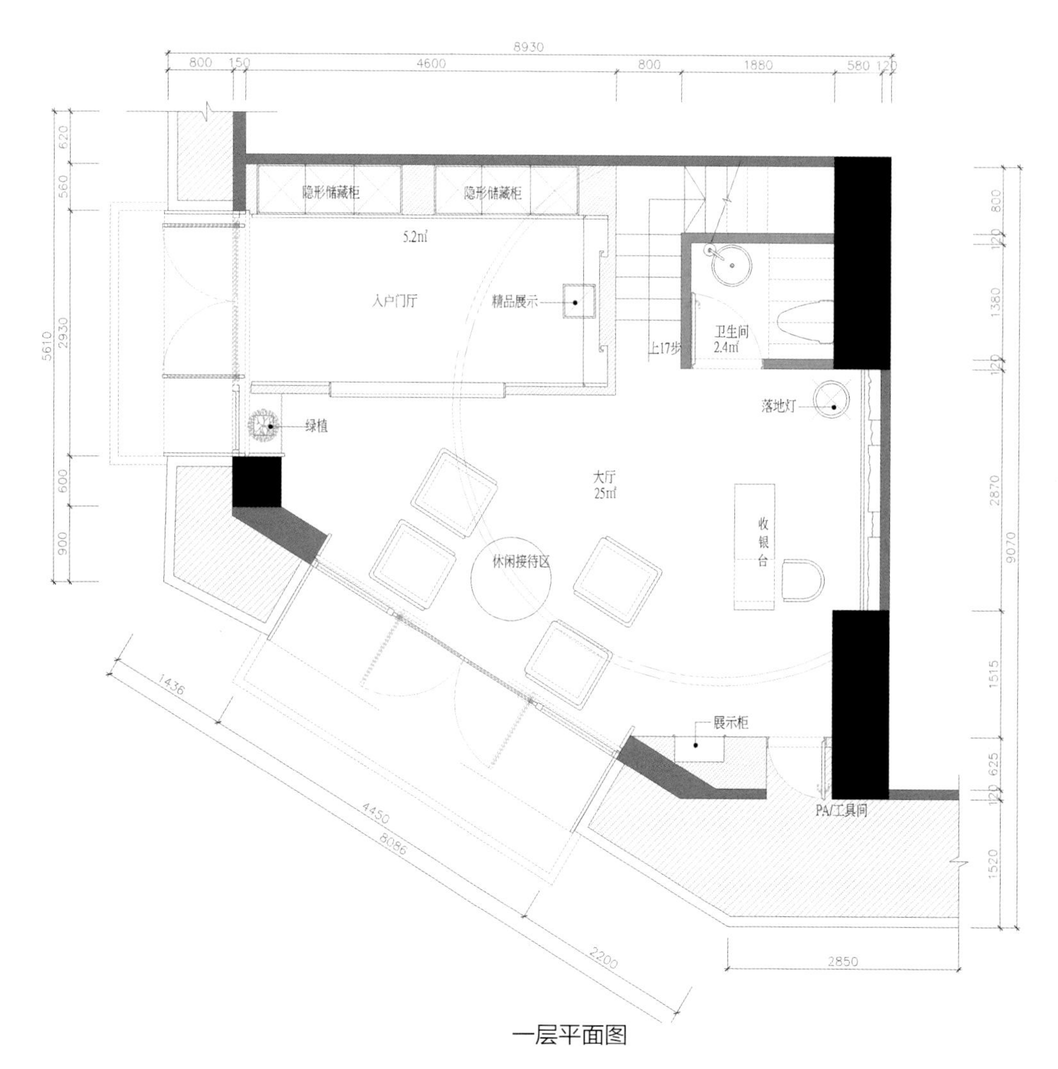
8930
800
150
4600
800
1880
580
120
620
560
5610
2930
600
900
800
120
1380
120
2870
9070
1515
625
120
1520
1436
4450
8086
2200
2850
隐形储藏柜
隐形储藏柜
5.2㎡
入户门厅
精品展示
上17步
卫生间
2.4㎡
落地灯
绿植
大厅
25㎡
收银台
休闲接待区
展示柜
PA/工具间
一层平面图

Public
公共空间

乌镇互联网国际会展中心

项目名称 _ *乌镇互联网国际会展中心* / **主案设计** _ *张涛* / **参与设计** _ *沈蓝、孙传传、陈静、曹殿龙、刘山林、王盟* / **项目地点** _ *浙江省嘉兴市* / **项目面积** _ *82880 平方米*

本项目是乌镇世界互联网大会永久会址，针对当今全球范围内互联网行业的急速发展，举办环球范围内最重要的互联网企业乃至互联网相关机构聚集商讨发展共识与合作建立的重要盛会。同时乌镇作为该盛会的永久举办地，寄希望于通过该会议的影响力将“世界的乌镇”推向全球。

设计过程围绕“古、船、听、新、雨”五个关键字展开。“古”译为“古镇、文化”，体现了互联网时代下对历史、传统文化的传承精神；“船”译为“水乡、联络”，如果把水域比作是人类的生活空间，互联网则是那连通各地域生活、思想、文化的船；“听”译为“沟通、传播”，16 个分论坛的设立，为各界精英共享互联网创新，提供了有力的基础，打造出集世界智慧的和平、安全的互联网平台；“新”译为“科技、思潮”，空间设计中在汲取传统文化的基础上，利用当前经济时代下的新材料、新技术设计出“新中有旧”的空间环境，是对“新”的最好诠释；“雨”译为“信息、信心”，一方面描述了江南的梅雨季，另一方面则比喻互联网信息如细雨般润泽于我们的生活的方方面面，并对我们的生活、思想、经济发展产生了巨大的影响。

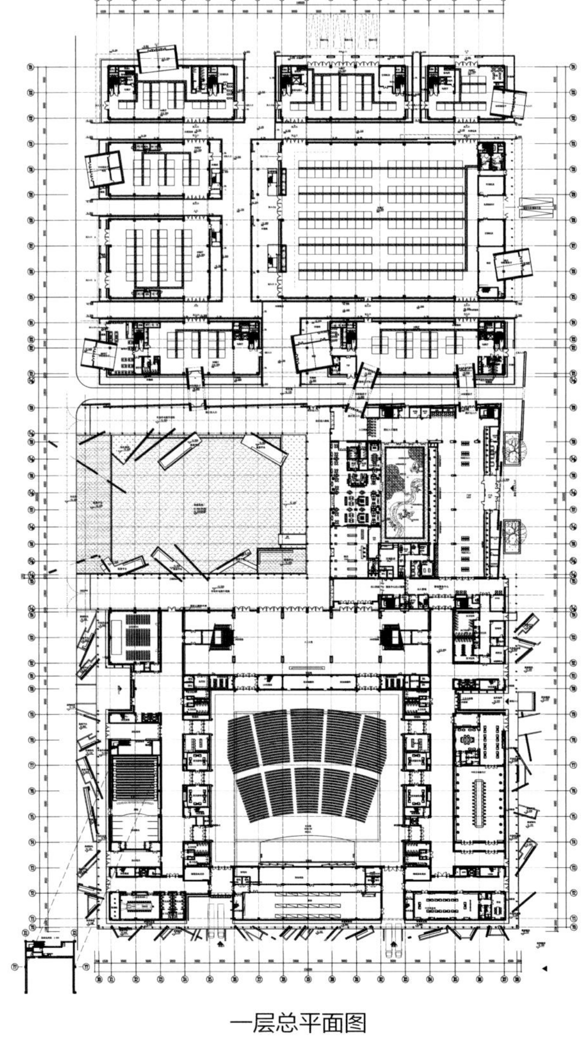

一层总平面图

NGO美国大自然保护协会（TNC）东滩湿地“bird house 归去来栖”项目

项目名称 _NGO 美国大自然保护协会（TNC）东滩湿地“bird house 归去来栖”项目 / **主案设计** _ 出口勉 / **项目地点** _ 上海市崇明县 / **项目面积** _500 平方米

建筑外部空间是鸟类栖息地，室内区域是进行研究、教育、展览、会议等活动的开放空间。内部装饰需要保留与原有建筑风格的统一性，以及考虑内部空间与室外自然环境之间的对话。为突出包容而自然的空间主题，建筑内部装饰采用简单色调，使室内外保持一致性，并融于周围大自然中。设计师营造充满禅意的内部空间，置身其中，人们可以充分感受大自然的魅力。设计师利用平台制造出各异的空间高度，以不同的地面材料划分功能空间。在保证空间的完整性上保证使用功能的实现。会议区在一个半开放的盒子中，由开放洞口延伸出会议桌，造成里外空间的对视。

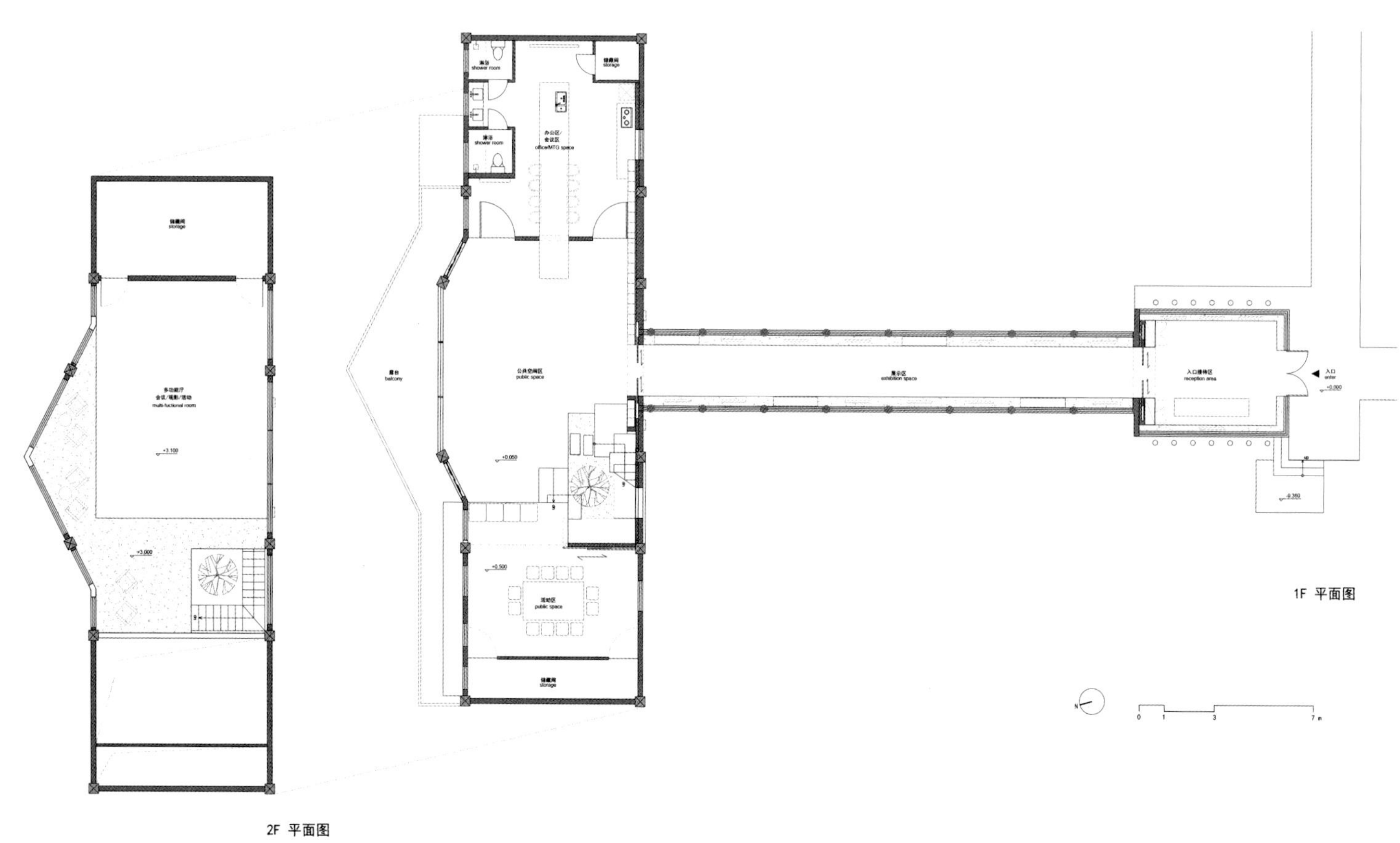

平面图

“印象楠溪江”原野园林多功能厅建筑 & 室内设计

项目名称 _ *“印象楠溪江”原野园林多功能厅 建筑 & 室内设计* / **主案设计** _ *王挺* / **项目地点** _ *浙江省温州市* / **项目面积** _ *1300 平方米*

“印象楠溪江”作品是本项目室内设计师第一次从环境规划开始，兼顾建筑设计与室内设计等相对一体化完整的设计尝试。“印象楠溪江”多功能厅项目是温州原野园林集团园区内配套设施，其优越的花园式园林环境赋予每一位顾客别具一格的身心体验。在崇尚回归自然的当今，一座抽象于温州永嘉本土传统建筑与自然环境元素而来的现代建筑与周围环境相得益彰，并以鲜明的形式区别于任何一个同类项目，让人过目难忘。

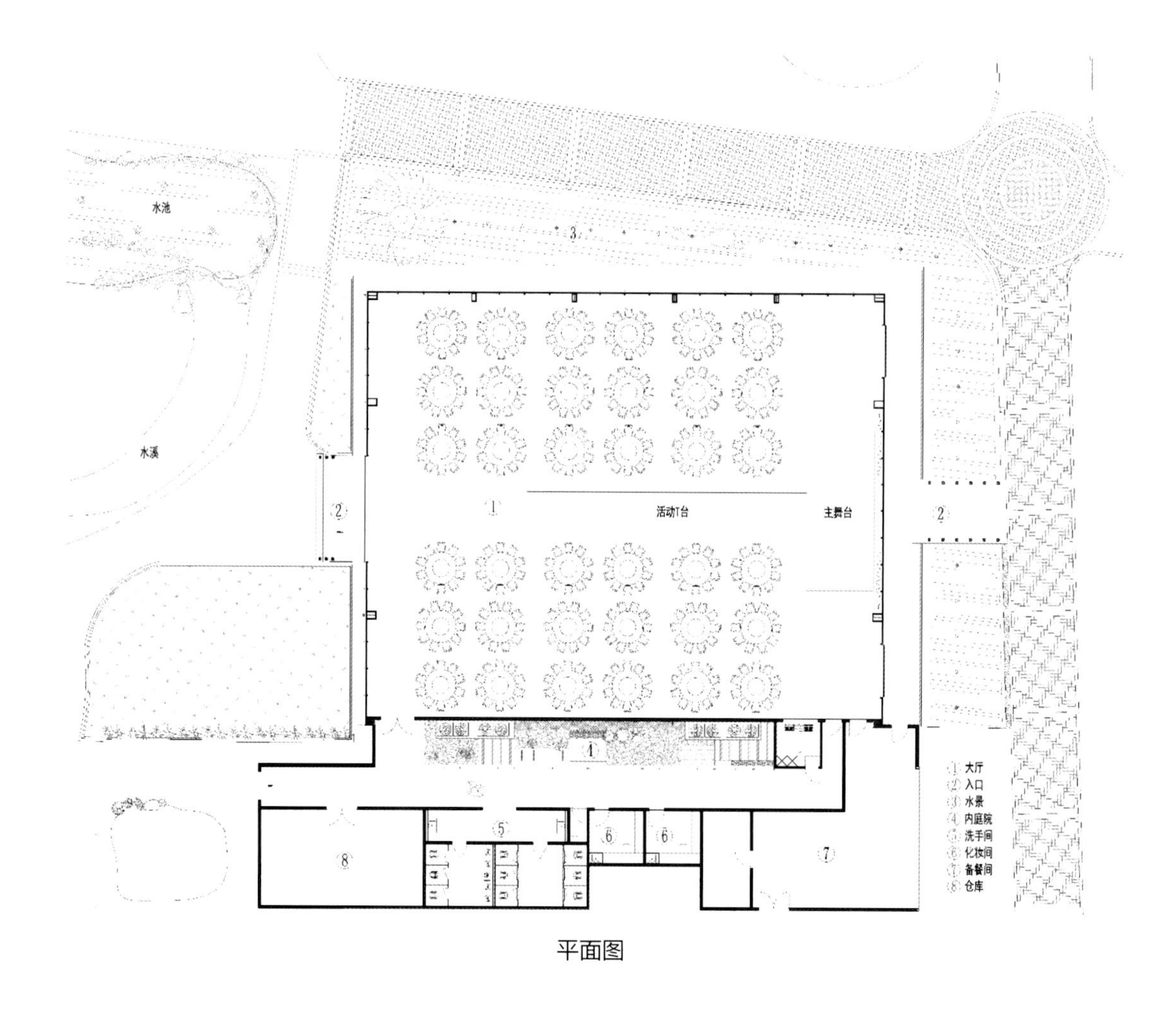

平面图

12
28

宁波工程学院图书馆

项目名称 _ *宁波工程学院图书馆* / **主案设计** _ *陈东* / **参与设计** _ *毛琼苓、卢珊波、崔晓、竺炜* / **项目地点** _ *浙江省宁波市* / **项目面积** _*30000 平方米*

在筑境看来，室内设计更需成为设计师和甲方的价值观在空间形态上的投射。教育系统作为社会意识形态的理念输出阵地，在当下的社会进程中起到表率和领导的作用，对于国家节能减排的理念灌输，应更多地落在实际而非纸上，所以在校园建筑的装修方面，更多地倾向于能对环境带来较少破坏的高效型节能设计。外部庭院部分与建筑体保持一致的庄重感，将知识的力量通过空间语言传达给来到这里的每一位学者，大面积无缝灰色地面和超大尺度的空间，让每一位深处其中的人感觉到自己的渺小感，从而以敬畏的心态去面对知识。

C

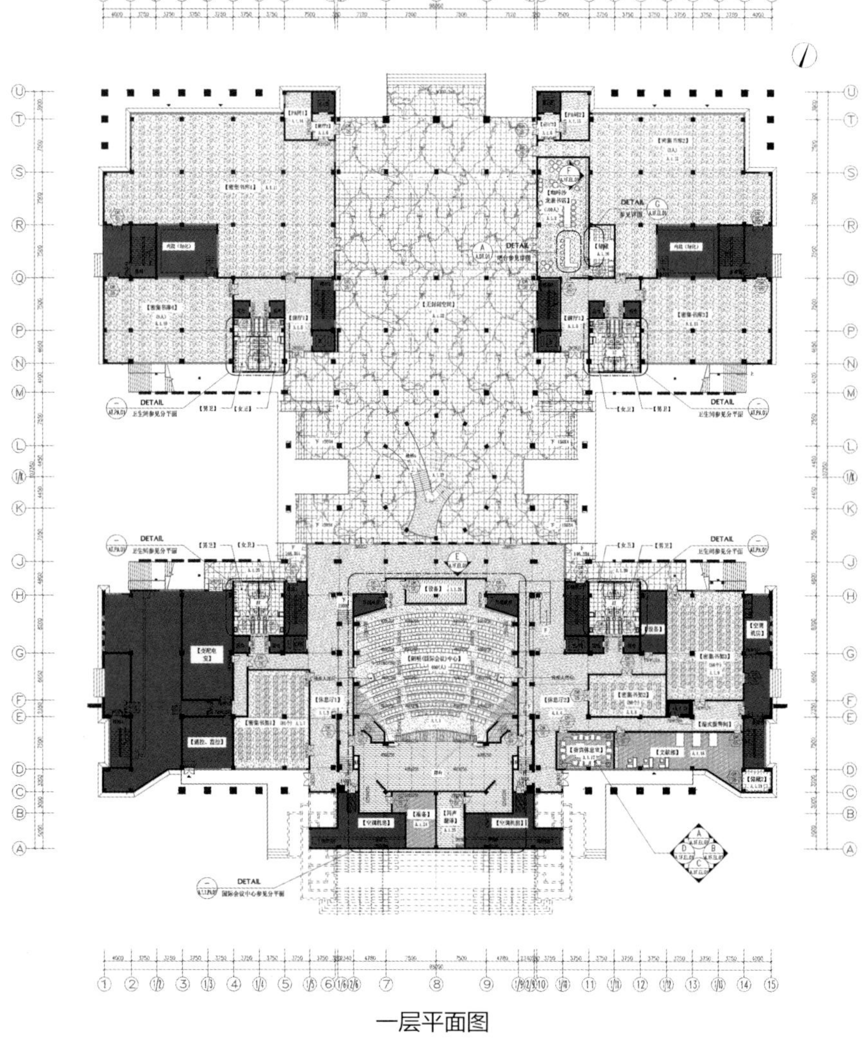

一层平面图

生命的探戈

项目名称 _ *生命的探戈* / **主案设计** _ *陈连武* / **项目地点** _ *中国台湾* / **项目面积** _ *588 平方米*

探戈，以一个四分音符化为两个八分音符，而每一个小节形成四个八分音符，如此顿挫强烈的节拍，犹如细胞分裂般，一为二、二为四的切分繁殖出来，形成具有生命力的律动节奏，也作为本案生殖医学试管中心的空间设计发想。

从梯厅的入口，独立而发光的小圆点散布在空间中，就像最初始的生命状态，一个个饱满而跃动的圆点，由外而内顺着律动的弧形线条翩然起舞，在天花板及地面上滑步出大大小小的圆弧构图。寒暖色调中蓝与黄的混搭，似男女共舞般，以探戈的步伐移动着。镜面天花板也不断反射出地面的变幻图形，犹似细胞分裂的生殖，也似多彩多姿的舞步，另人欣喜并心生期待。门诊候诊区与实验室区分别坐落在入口梯厅的左右两侧，并以一个内部的服务动线相互串联，创造一个循环式的流通方式，犹如永不停滞的舞池，让曼妙的探戈，舞出愉悦的生命乐章。使用环境友善之涂料与建材，避免油性漆的喷涂所造成的空气毒害，把生命的喜悦带给众人，使医疗空间中人与人链接的温度发展到新的境界。

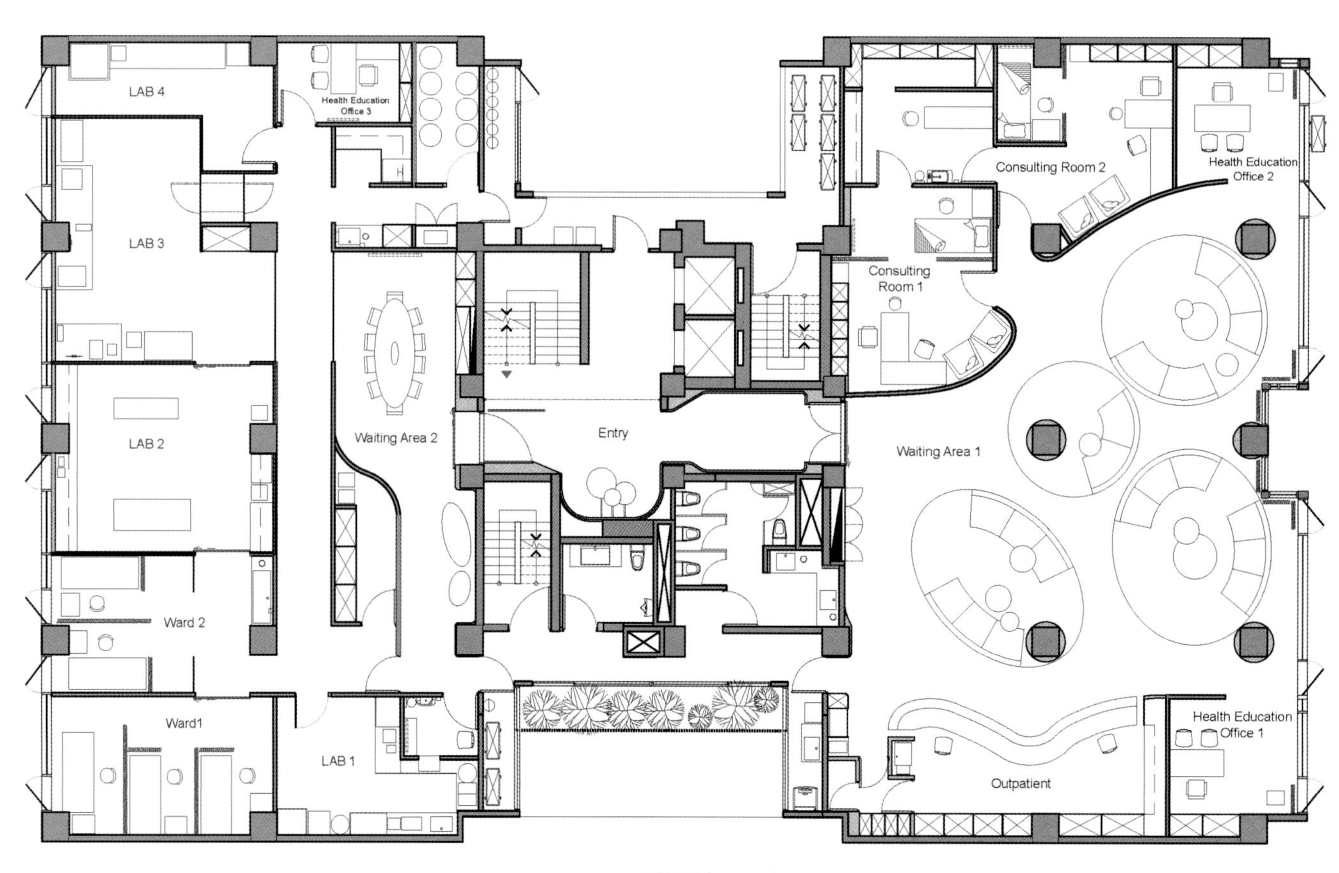
LAB 4
Health Education Office 3
LAB 3
LAB 2
Ward 2
Ward1
LAB 1
Waiting Area 2
Entry
Consulting Room 2
Health Education Office 2
Consulting Room 1
Waiting Area 1
Health Education Office 1
Outpatient

平面图

竹间书院

项目名称 _ *竹间书院* / **主案设计** _ *韩帅* / **项目地点** _ *天津市河西区* / **项目面积** _ *1000 平方米*

竹间书院——隐于市，藏于坊。竹间书院是天津市第一家以设计师为主导的文化艺术空间，承载了设计、雅集、策展、禅修、国学培训、书画、茶道、素食等一系列文化艺术行为及生活方式。整个空间在起承转合的序列中自然发生，最精神之处隐于建筑的最深处，在这里我们营造了两个天井后花园。曲径通幽处步入后花园，这里笔墨不多，白墙，翠竹，大音希声，道隐无名，赏四时之变化，看万物之生发。夏听夜雨之音韵，秋观落叶之飘零，冬赏瑞雪之银妆。隐于都市，藏于坊间，一派文人情怀。君子爱竹，苏轼讲“宁可食无肉，不可居无竹”，穿过一片竹林，鸟语花香，清水如镜。茶室空间隐于此，邀三五知己煮茶品茗，对饮成趣。如诸葛孔明高卧草庐知三分天下，书圣于会稽兰亭流觞曲水，魏晋雅集，两宋风骨，莫不如此。形而上谓之道，形而下谓之器，思维与器物并重。 友人来访谓之曰：“陋室空堂”。一篇《陋室铭》，恰恰是竹间书院写照：“山不在高，有仙则名；水不在深，有龙则灵。斯是陋室，惟吾德馨。苔痕上阶绿，草色入帘青。谈笑有鸿儒，往来无白丁。可以调素琴，阅金经。无丝竹之乱耳，无案牍之劳形。南阳诸葛庐，西蜀子云亭。孔子云：‘何陋之有？’”

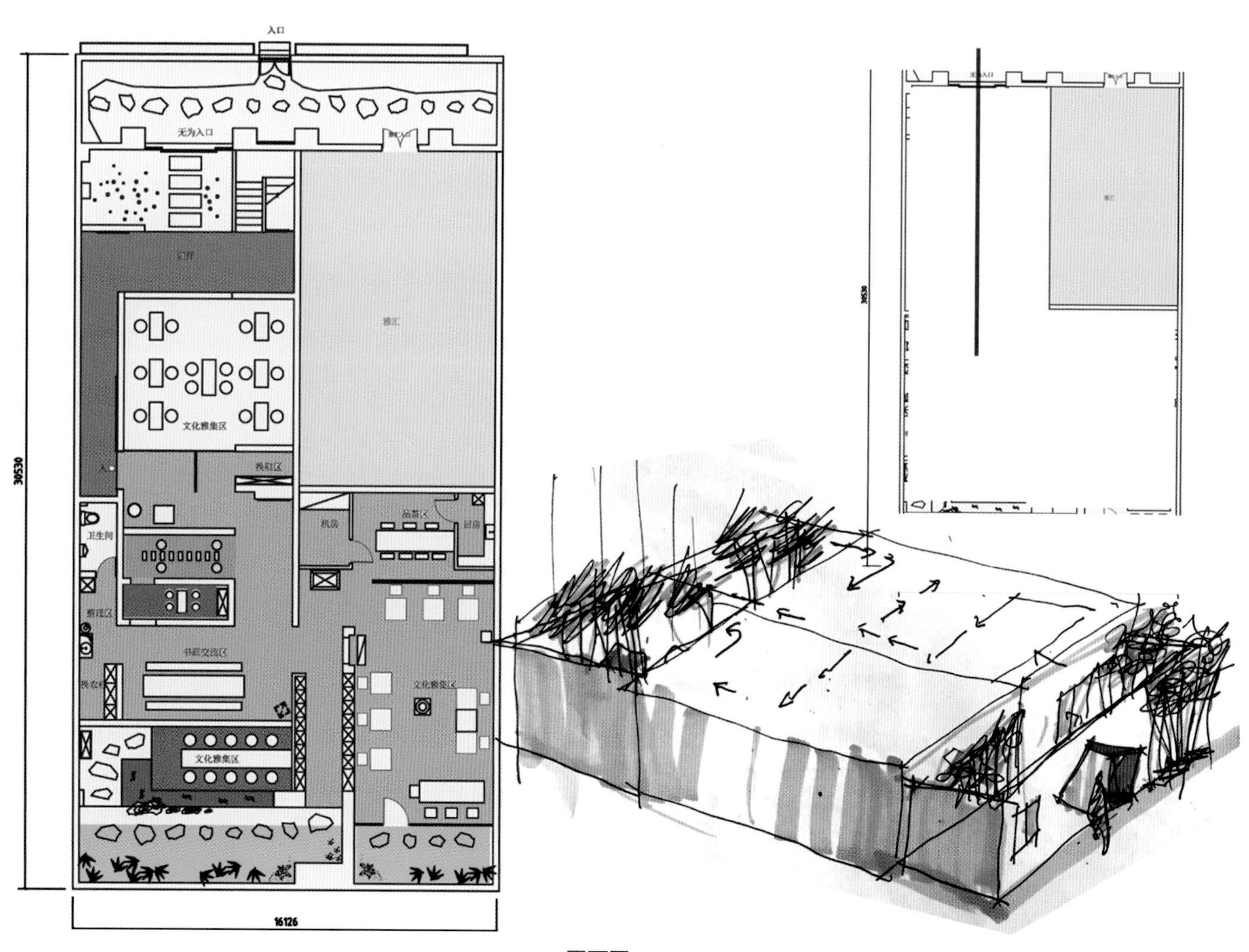

平面图

金色童年绿地幼儿园

项目名称 _ *金色童年绿地幼儿园* / **主案设计** _ *李晓鹏* / **项目地点** _ *安徽省蚌埠市* / **项目面积** _ *5000 平方米* / **主要材料** _ *木饰面、水泥自流平*

"这是幼儿园吗？"
当别人问起时，设计师总想反问："幼儿园应该长什么样子呢？"
不可以是这样吗？我们的孩子应该在什么样的环境成长？

甲方是一个有着 20 多年幼儿教育经验的人，她给设计师提出要给孩子一个自由成才环境的要求，在这个环境里孩子可以做自己的主人，按自己的喜好自由的学习和生活。

新的时代，让我们用新的教育意识迎接孩子！
"'爱和自由'是这个幼儿园教育理念。"当设计师开始做设计的时候，设计师常常会想到张园长讲的这句话。设计师几乎用了一年时间做这案子的设计，并且用了半年的时间参与施工。

本案设计考虑到特殊教育性质，用材都是选用低碳环保的材料，现代简约的手法和接近北欧风格的设计方式一直贯穿这个案子的始终。

外立面使用常规普通材料——镀锌方管和钢板，通过材料的自然氧化形成锈斑和色彩的变化，来告诉孩子们，大自然力量的重要性。

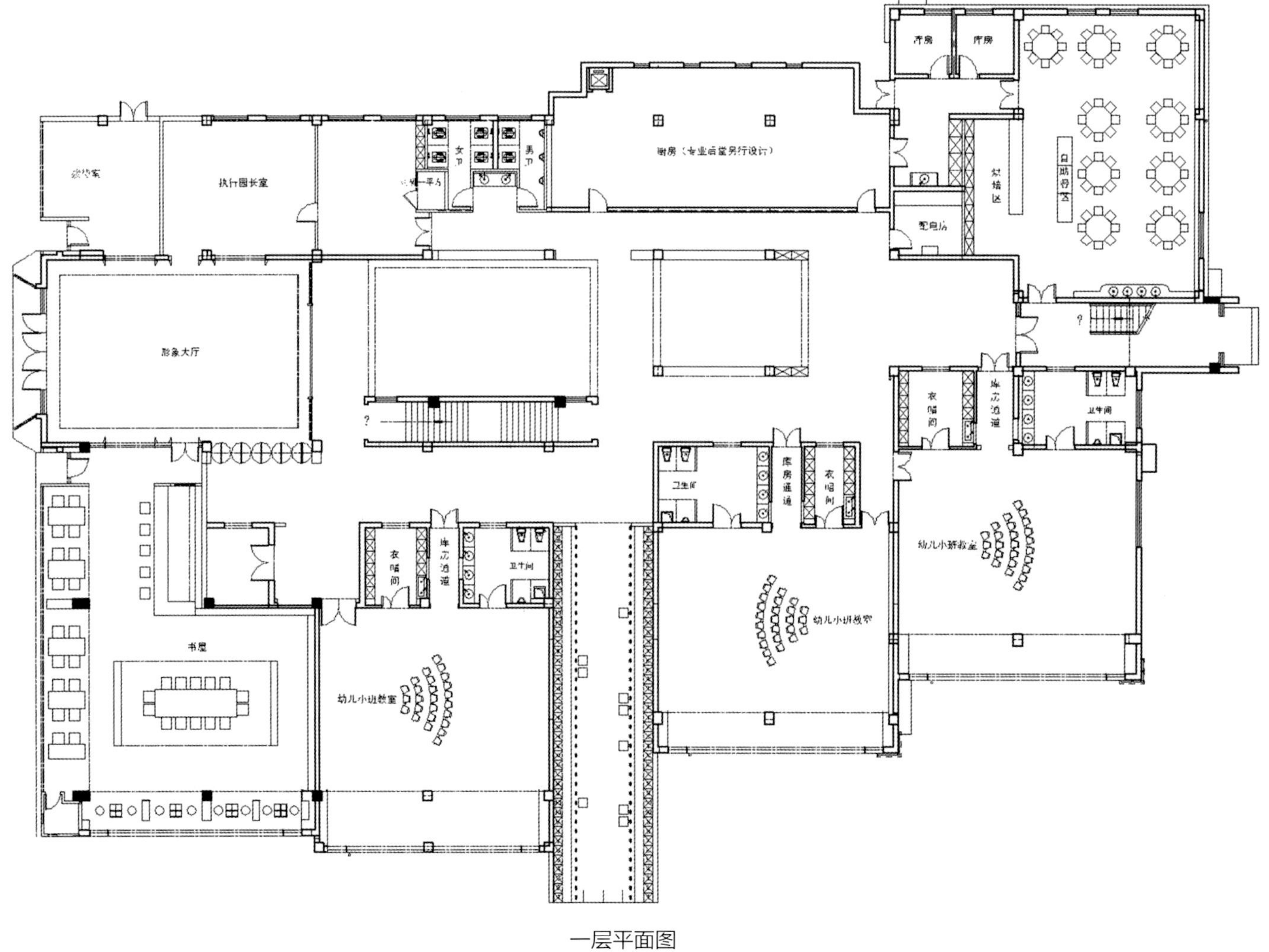

执行园长室
女卫
男卫
厨房（专业后堂另行设计）
形象大厅
衣帽间
库房通道
卫生间
书屋
幼儿小班教室
幼儿小班教室
幼儿小班教室

一层平面图

泊联汇·美福月

项目名称 _ *泊联汇 • 美福月* / **主案设计** _ *张虎* / **项目地点** _ *重庆市沙坪坝区* / **项目面积** _ *2300 平方米*

当代东方的意境与西式思维产生了碰撞，那么设计师就做一个关于"海派 • 东方"为主题，通过提取女性柔美的一面应用到空间的每一个大大小小的细节，希望通过这样的语境，让目标女性客户生完小孩进入空间修养时，会感觉到精心准备了这样一个充满女性柔美、但柔美之中隐约感觉到重生的力量的空间，在这里感受到女性的绝世而独立，找回自信优雅，真正的重生。

椭圆蛋形、破壳而出、孕育生命、自然生长。东方意境、柔美优雅、精致细腻、唯美独特。

形体关系与元素上采用了椭圆蛋形、破壳而出、孕育生命、自然生长这一系列，寓意上天最完美的安排。在平面功能上设定一楼作为感受氛围、初次接待、交流互动、心理辅导的礼仪场所，以引、静、景、动四个场景来完成室外到室内的空间过渡与自然融合。

在材料的选用上主要采用实木、乳胶漆、砖、石材等自然材料，简单环保，在整个空间环境设计语言表达上下功夫，超柔美的天花、墙面、阴阳角、超薄的吊顶边线等细节处理，充分展现女性柔美的力量感，从一至终将椭圆蛋形、破壳而出、孕育生命、自然生长的空间形态融于每个细节。

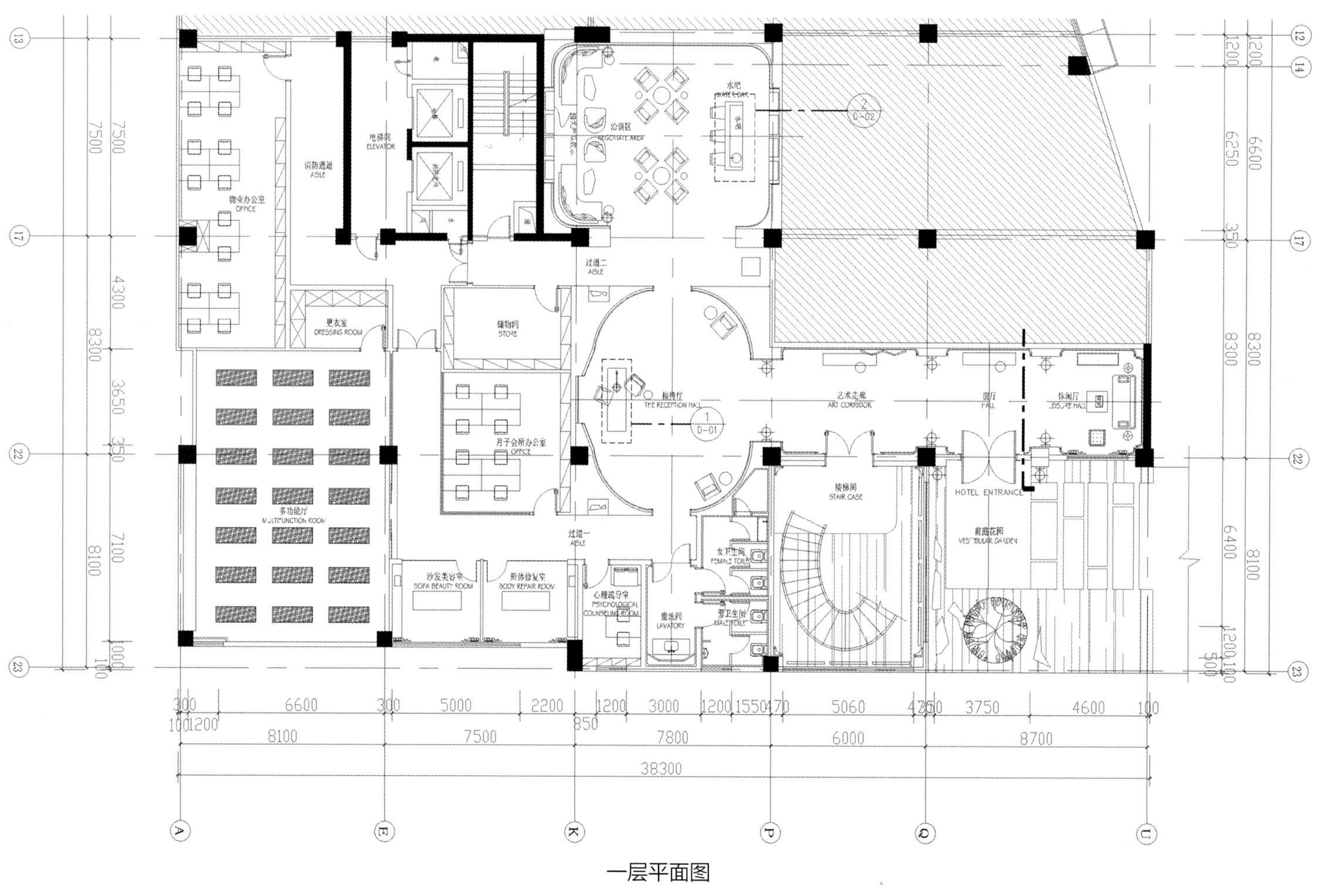

物业办公室
OFFICE
消防通道
AISLE
电梯间
ELEVATOR
洽谈区
NEGOTIATE AREA
水吧
WATER BAR
过道二
AISLE
更衣室
DRESSING ROOM
储物间
STORE
接待厅
THE RECEPTION HALL
艺术走廊
ART CORRIDOR
门厅
HALL
休闲厅
LEISURE HALL
月子会所办公室
OFFICE
多功能厅
MULTIFUNCTION ROOM
楼梯间
STAIR CASE
HOTEL ENTRANCE
前庭花园
VESTIBULAR GARDEN
过道一
AISLE
沙发美容室
SOFA BEAUTY ROOM
形体修复室
BODY REPAIR ROOM
心理疏导室
PSYCHOLOGICAL COUNSELING ROOM
盥洗间
LAVATORY
女卫生间
FEMALE TOILET
男卫生间
MALE TOILET
38300

一层平面图

019

猫星人艺术中心

项目名称 _*猫星人艺术中心* / **主案设计** _*皇甫丹琳* / **参与设计** _*朱雪丰、张笑寒、陈银祥、朱文军、戴凯彦* / **项目地点** _*浙江省嘉兴市* / **项目面积** _*1200 平方米*

从项目的独有的特性，设计师定下了“猫星人艺术——中国”（项目名称）的理念定位：艺术、家、童年。

设计师用艺术家自由的童年、自在的童年（以家、艺术为主，提炼温馨、自在、自由、顺其自然的空间）为想象而设计。

设计师希望无限接近孩子眼中的世界、心中的世界、脑海中的世界，用减法来抛弃一切成人主义形成的想象和行为。

结合“猫星人艺术——中国”业主与法国艺术机构的情怀和合作关系，融入法国特色：①对罗浮宫金字塔、蓬皮杜艺术中心等建筑进行减法和抽象转换，让它通过空间语言来表达；②融入业主情有独钟的“蒙特里安”构成，仅仅把黑色线框构成作为教室玻璃墙面的分割；③采用法国艺术家的名字，通过广告手法进行艺术的传达。

4
5
6
Henri Matisse
welcome to the

Auguste Rodin
艺术·家·童年
中国

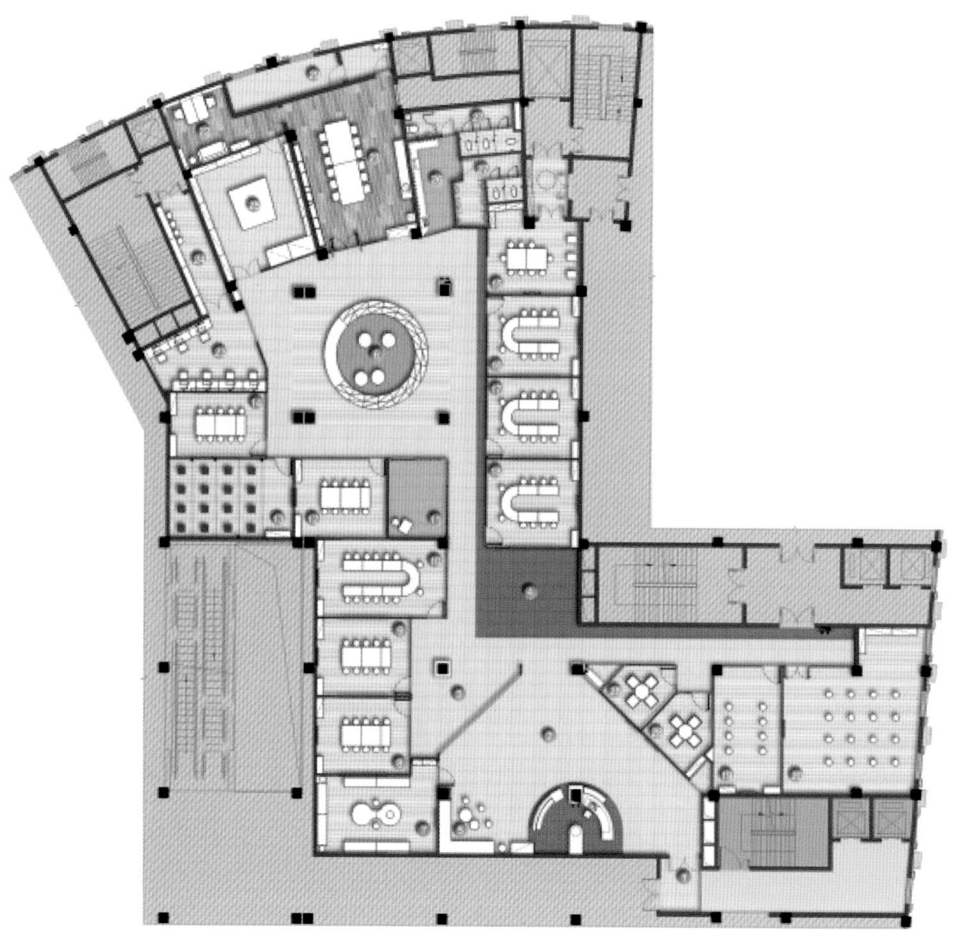

平面图

12
Pierre Bonnard

东方娃娃艺术空间

项目名称 _ *东方娃娃艺术空间* / **主案设计** _ *张三巧* / **项目地点** _ *江苏省南京市* / **项目面积** _ *1500 平方米*

傅雷家书中有这样一段话："艺术不但不能限于感性认识，还不能限于理性认识，必须要进入第三步的感情深入。换言之，艺术家最需要的，除了理智之外，还有一个"爱"字！所谓赤子之心，不但指纯洁无邪，指清新，而且还指爱！法文里有句话叫"伟大的心"，意思就是"爱"。这"伟大的心"几个字，真有意义。而且这个爱绝不是庸俗的，婆婆妈妈的感情，而是热烈的、真诚的、洁白的、高尚的、如火如荼的、忘我的爱……"孩童那天真的笑脸、无限的想象力，是每个人都想呵护的。对于孩童的绘画、音乐等艺术素养的培育，是大家越来越重视的。"创造美，感受爱"是东方娃娃艺术教育机构的教学宗旨，创始人及团队从办学之初坚持以"爱和美"影响每一位在学校学习的小朋友，而小朋友通过老师教导，学校的熏陶，在爱和美包围中逐步提高艺术欣赏能力，塑造了艺术气质。通过爱，小朋友感受到老师、同学的爱，同时教会孩子关爱他人；通过艺术的笔去创造美，创造美之中释放了孩子的心灵，也最大限度保护孩子的想象力，创造了个性，让她们热烈、真诚、高尚、纯粹地表达"爱"的体验。设计师也被这样的"爱"深深感动，才创作了这样一个全新的艺术教育机构。

东方娃娃
ORIENTAL KIDS

平面图

Residential
住宅公寓

画框里孔雀

项目名称 _ *画框里孔雀* / **主案设计** _ *李帅* / **项目地点** _ *北京市延庆县* / **项目面积** _ *200 平方米* / **主要材料** _ *水晶砖金属板*

当地有百鸟节习俗，故选用百鸟之王孔雀为设计主题，将孔雀羽毛的几种蓝色、绿色以及紫色蔓延到各个空间及设计细部。室内外尽可能保留老建筑的原始风貌沧桑美，比如木梁结构、灰瓦屋檐等，在此基础上将之前的老木格窗改为落地窗解决采光问题，将淋浴、浴缸等现代化设备移植到室内，满足都市人生活习惯。

院落设计保留了原院子内的梨树，巧妙地用圆形金属板与之融合，使之成为一个遮阳观景平台。西院设有时尚的水晶砖水吧台，满足使用功能同时增加时尚元素。东院为下凹式烤火区，结合餐厅二层露台让整个院子更有层次感。水晶砖金属板突出乡村现代感，实施煤改电政策的电地暖无污染。整体设计以时尚为主基调，凸显乡村美的同时又满足了高品质生活需求。

项目吸引众多民宿主及演艺明星参观体验。

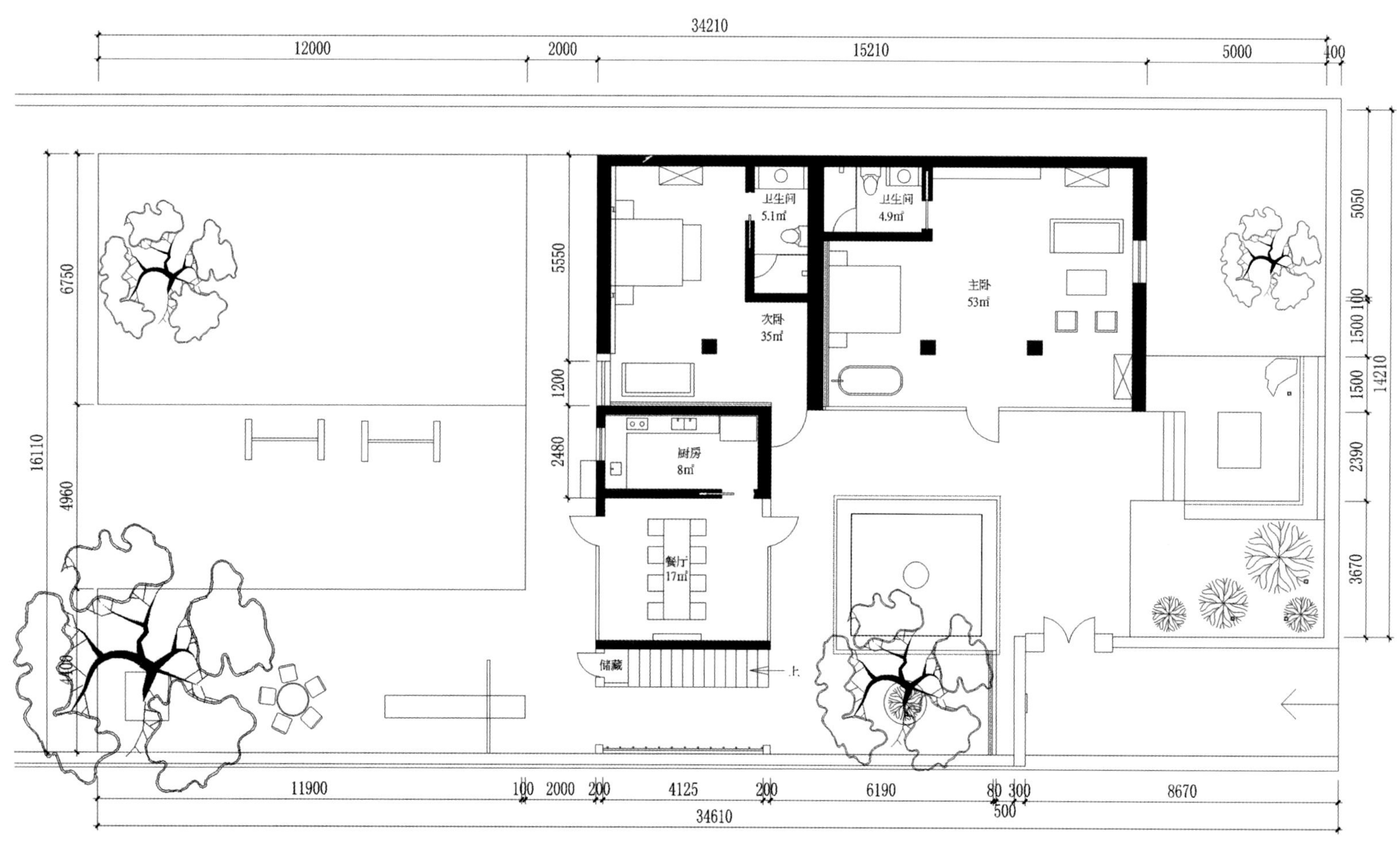

34210
12000
2000
15210
5000
400
卫生间
5.1㎡
卫生间
4.9㎡
主卧
53㎡
次卧
35㎡
厨房
8㎡
餐厅
17㎡
储藏
上
6750
16110
4960
5550
1200
2480
5050
1500
100
1500
14210
2390
3670
11900
100
2000
200
4125
200
6190
80
300
8670
34610
500

平面图

蔚来EP9 纽北赛道最快

项目名称 _ *游戏* / **主案设计** _ *方信原* / **参与设计** _ *洪于茹* / **项目地点** _ *中国台湾* / **项目面积** _ *180 平方米* / **主要材料** _ *富有东方色彩及肌理表现的壁纸*

整体空间氛围如同高低音符的编排，呈现出一首轻快但富有音律变化的曲目。低调质朴的素材和细腻工艺的碰撞，淡淡地展现出低度设计中的奢华表现。而粗糙的水泥质感，诉说着一种不完美中的完美，那份精神层面中呐喊的渴望。

开放空间中，两处大小直径不同的大圆斗，由楼板穿透而下，成为空间里的大型装置艺术，传达出东方文化精致层面的美感，亦加深空间张力的冲突性及视觉的震撼感。无论由上而下，或由下而上，都形成了强烈的视觉感官刺激。同时结合灯光设计，提供照明的使用机能。一大一小圆斗造型和壁面圆形内凹结构的时间指针，所形成倒三角画面的构图，使得元素的运用，立体而有趣味。空间结构中出现的盒体及圆斗，分别传达出不同寓意：方形盒体，笔直利落的线条，传递着代表西方科学的理性思维；大圆斗的运用，东方人文精神中圆满之寓意，自不在话下。东西元素的交融汇集，于此展开和谐的对话。

家具家饰的搭配，多样貌的使用方式，给予现代居所新的定义。光是照明，亦是指引及标示。透过光的指引，引领视线进入简易且充满东方文化中富丽不失优雅的空间。富有东方色彩及肌理表现的壁纸，结合以铜质打造的壁灯，搭配轻快色彩的块状量体，使得空间呈现轻快、雅致、舒适的氛围。

Room B
Master room
ART
Entrance
Room A
Bathroom
Walk-in-closet
Master Bathroom
Kitchen
Balcony

Living room
Master room
ART
Entrance
Bathroom
Walk-in-closet
Master Bathroom
Kitchen
Balcony

平面图

写意·木构

项目名称 _ 写意 • 木构 / **主案设计** _ 张瑞 / **项目地点** _ 湖南省长沙市 / **项目面积** _ 140 平方米 / **主要材料** _ 拆房旧木材、水泥砖、白色乳胶漆、磨砂面铜板

老房子旧了，拆了；时间，让木头旧的很好看；灰砖、白墙、老木头；传统和当下的生活方式，彼此相生、共存；不将不迎，都说意，要在笔先到；于是拼板选料，架梁构柱，随意而居……

利用拆房子老木材—再次重生—制作新梁柱，融合传统和当下的生活方式，彼此相生、共存的现代中式风格。

尽量减少使用合成材料，充分利用阳光，节省能源，为居住者创造一种接近自然的感觉。

没有多余的装饰构造，空间与自然环境亲和，材料安全健康，让居住者能很好的品味生活。

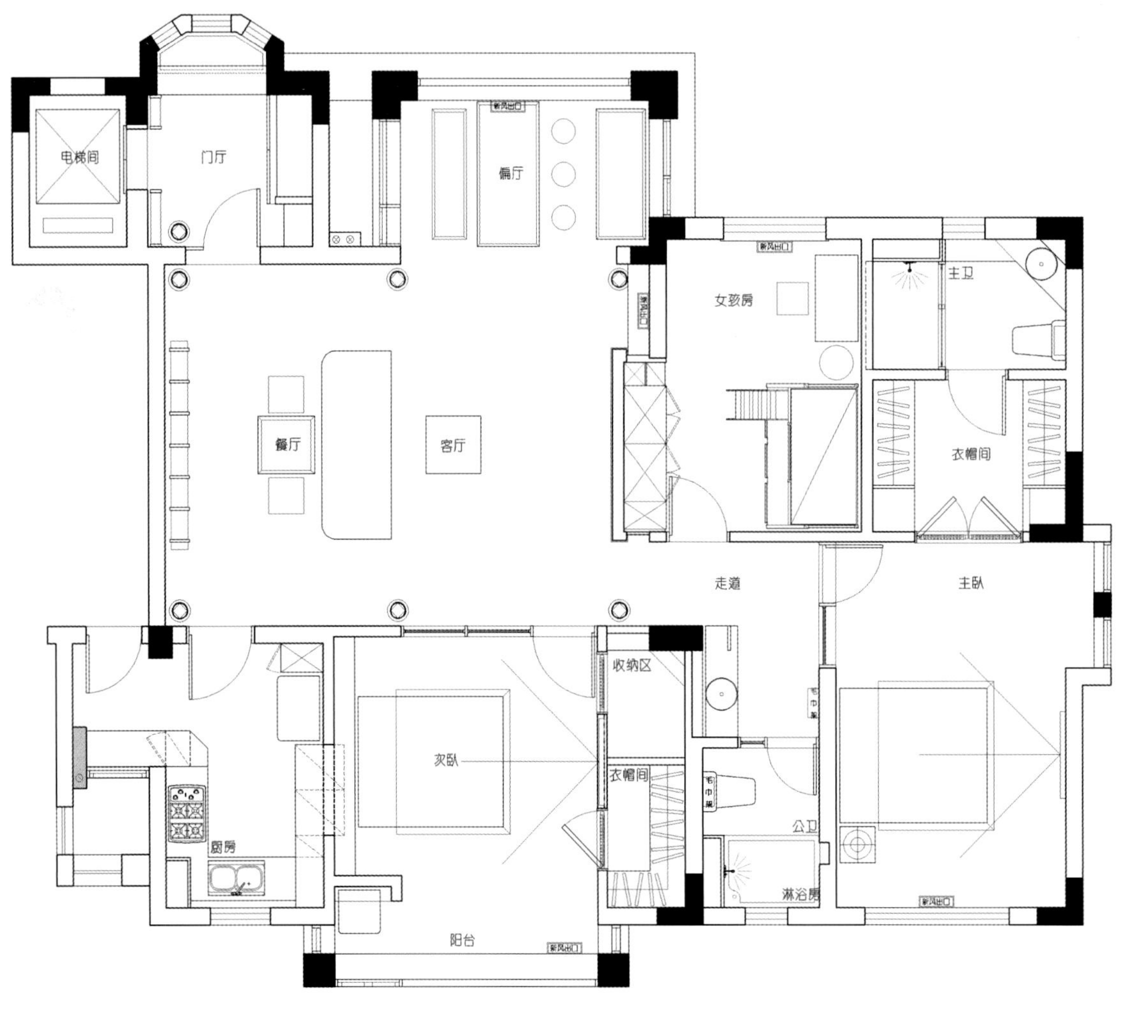

平面图

静·候

项目名称 _ 静·候 / 主案设计 _ 陈君 / 项目地点 _ 浙江省温州市 / 项目面积 _185 平方米 / 主要材料 _ 木饰面

本案业主喜欢自由、舒适的现代简约风格。设计师认为简约并不代表着简单，而是把细节提炼后让精华再现，让生活的品质能有更好的体现。

错落与穿插，不同材质的叠加，让空间独立中又有延伸，不失趣味。

公共空间是一个活动自由的大空间。主轴线的格局设计，利用空间之间的穿插、区分和流畅的动线和机能，满足了业主多元化的生活需求，又能很好地表现出空间的视觉扩大化。

白色铁板为隔断，灰色系木地板为背景墙，温润的木饰面应用，低调的材质勾画出现代简约的空间。

本案交付后，业主对本案的效果表示很满意。空间的布局合理而且有新意，不同于以往的设计表现手法，又满足了业主生活的需求。业主在家的日子里，最喜欢在茶室里，泡一壶好茶，和家人一起品茶闲谈。最好的时光就是在温暖的家里和家人促膝长谈。

次卧一
Bed Room
厨房
The Kitchen
棋牌室
Chessroom
次卫
Bathroom
餐厅
Restaurant
吧台
玄关
Entranle Hall
主卫
Bathroom
储物间
Storeroom
主卧室
Bed Room
茶室
Tea Room
客厅
Living Room
次卧二
Bed Room
休闲区
Leisure Area
生活阳台
Balcony
可隐藏洗衣台
上
下
水

平面图

江山汇

项目名称 _ 江山汇 / **主案设计** _ 陈书义 / **参与设计** _ 张显婷 / **项目地点** _ 河南省洛阳市 / **项目面积** _272 平方米 / **主要材料** _ 木质

家居中，玄关是第一道风景，室内和室外的交界处，是具体而微的一个缩影，选用镂空屏风作为玄关隔断，在视觉效果上空间的通透感十足。满墙的置物柜与茶桌的巧妙搭配呈现出一种自然、清新、飘逸的既视感，让人的心境开阔而明朗。代表岭南茶文化的茶具古朴雅致，信手拾起心爱的茶碗，沏一杯清茶，让茶香伴着书香溢满茶室。

对于现代家庭来说，厨房不仅是烹饪的地方，更是家人交流的空间，打造温馨舒适的厨房，一要视觉干净清爽，二要有舒适方便的操作中心，三要有情趣。将混凝土以及木质元素的运用延伸到卧室，色彩层次分明，主调灰色的设计在各个角落散发着灵性，又透露着沉稳的理性。

将工业风的魅力无限放大，书房从陈列到规划，从色调到材质，都表现出雅静的特征。父母房整体采用素雅的色彩，用古风的装饰画做背景墙成为空间亮点，与两侧衣柜的对比带来视觉的张力。

门厅的灯带特别有立体感，电视背景墙的铁架框特别有设计感，客厅休闲椅后面的架子隔断跟灯带配合特别完美。主卧特别好看，双人洗漱台棒极了。

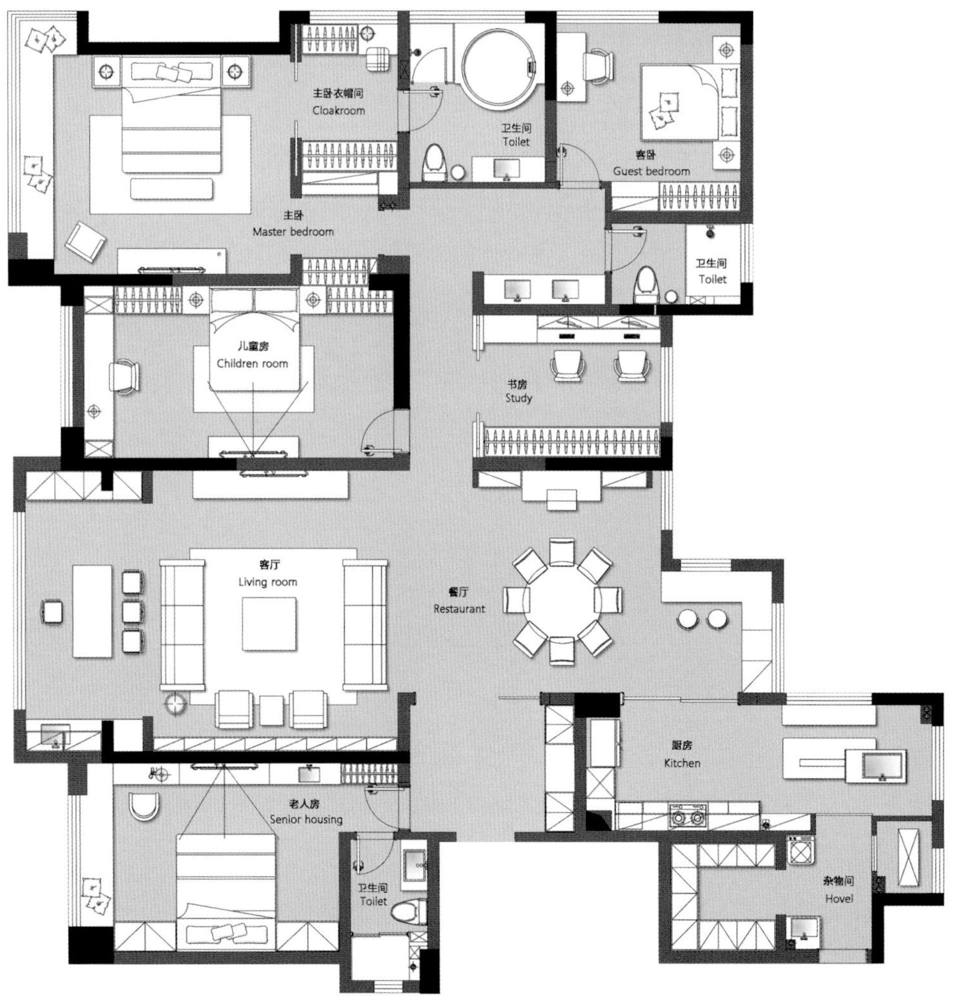

主卧衣帽间
Cloakroom
卫生间
Toilet
客卧
Guest bedroom
主卧
Master bedroom
卫生间
Toilet
儿童房
Children room
书房
Study
客厅
Living room
餐厅
Restaurant
厨房
Kitchen
老人房
Senior housing
卫生间
Toilet
杂物间
Hovel

一层平面图

素净

项目名称 _ 素净 / **主案设计** _ 范敏强 / **项目地点** _ 福建省福州市 / **项目面积** _118 平方米 / **主要材料** _ 环保的素水泥砖、实木饰面、白色水泥漆

生活的意义是追求生命本质的存在感，褪去华丽的外衣，摒除浮夸后，最终回到自我中心的价值，思索自我存在的意义。如何展现具有当代精神却又能透露东方气息之住宅空间是本案切入之重点。

在风格方面，主体上希望能体现现代东方低调沉稳之意境。水墨屏风搭配百叶窗的设计，在保证空间私密性的同时，也令充足的日光能够照耀进室内。对比入门处厚重理性的风格，室内的空间令人豁然开朗。浅色的墙壁和天花之下，是深色的沙发、地毯和桌椅，寓意着沉淀之后不失澄澈的心境。颇具诗性的小元素和纤巧雅致的家具更是令空间平添了一份轻盈的意味。大理石制的电视背景墙与水墨屏风遥遥相对，二者相辅相成，共同打造出空间的禅意。

以客厅为核心，边界环绕着餐厅、厨房、品茶区，虽各自一隅，却又紧密相连，不受局限的生活尺度，视觉延伸使空间更加通透。

在材料的选择上，考虑到健康、安全与节能问题，材料上选用了环保的素水泥砖、实木饰面和白色水泥漆，以简单和低价的材料营造出哲学思辨的文化氛围。

在淬炼的空间里进食，时间也静缓下来，生活回归于远逝的平衡中。

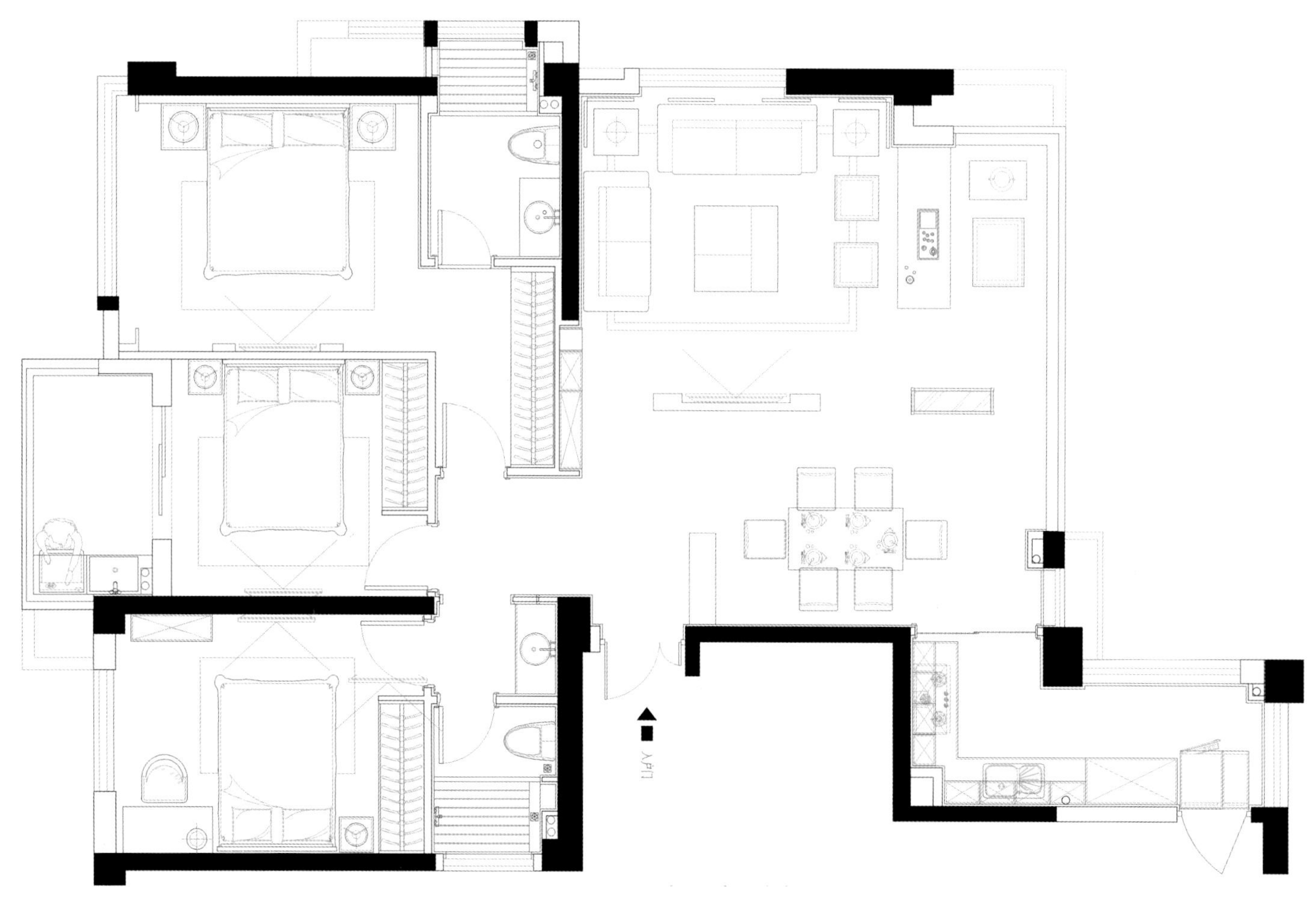

平面图

山水人家

项目名称 _ 山水人家 / **主案设计** _ 高成 / **项目地点** _ 浙江省杭州市 / **项目面积** _ 130 平方米 / **主要材料** _ 钢板、水泥、锈板

一对年轻夫妇的全新生活空间，崇尚放松悠闲的慢生活方式，将居住者喜爱的利落现代风融入时尚工业元素，营造出舒适个性的居家空间。

把厨房、餐厅、客厅、书房全部打通，使整个空间的动线很舒适，布局更通透。开放式的空间布局让光线与空气更加自在流通。电视机背景的“耐候板”，锈迹斑驳的表面有种历史的复古感，从而将‘时间’这样一个无法捕捉的概念视觉化。石膏像在这个空间中相互呼应，使这个空间不会那么单调。良好的采光使白色的墙面与水泥顶面更加透亮。同时设计师刻意降低了室内的纯度，以素雅柔和的色彩塑造出宁静而清澈的氛围。所有家具线条利落，造型简洁，摆件饰品从木元素、针织品、皮革到金属元素，局部点缀得恰到好处，使空间更加丰满质感。

敞开式的厨房设计，给餐厨空间带来无限的灵动气息，原木的餐桌与白色墙体，形成一种厚重与轻盈之间的平衡美感，吧台上方悬挂着屋主的旅行照片，形成一道背景装饰画，给空间带来“生活味道”。

卧室利用白色与中性木色营造出静谧安宁的睡眠环境，床背景与床头柜融为一体，以简洁的姿态代替了传统厚重的床头柜。大面积的落地窗配上一把单椅，正好可以享受放松悠闲的慢生活时光。

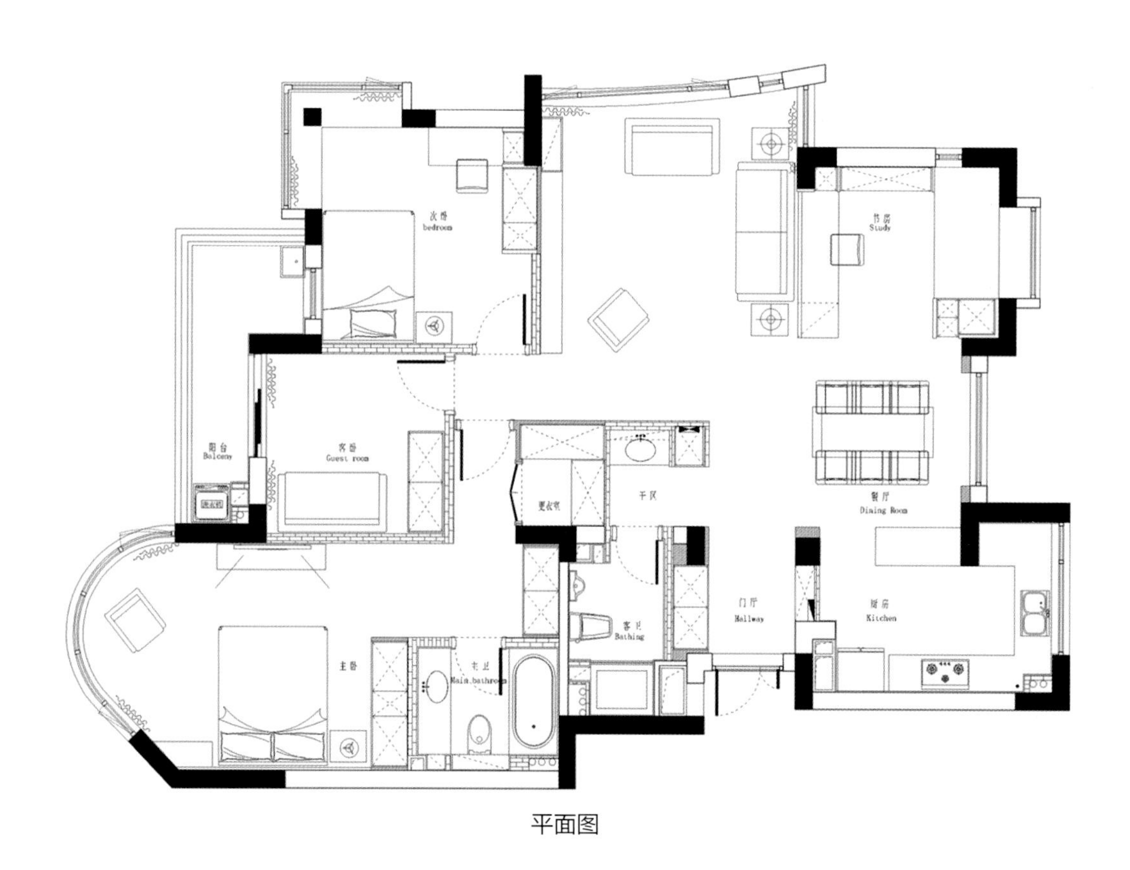
次卧
bedroom
书房
Study
阳台
Balcony
客卧
Guest room
更衣室
干区
餐厅
Dining Room
门厅
Hallway
厨房
Kitchen
客卫
Bathing
主卧
主卫
Main bathroom

平面图

11 47

一个插画师的阿那亚小院儿

项目名称 _ *一个插画师的阿那亚小院儿* / **主案设计** _ *关天颀* / **项目地点** _ *河北省秦皇岛市* / **项目面积** _*550 平方米* / **主要材料** _ *石材、木作*

这片海是北戴河黄金海岸腹地，北中国滨海的度假天堂。无数人曾经驻足凝视过这片海，他们与大海对话，建立起某种心灵上的联系，无关性别，也无关古今，只尊崇内心。

阿那亚就位于这里，在这一片黄金海岸上，在这大片的刺槐林中。这里建立了三联海边公益图书馆，大师手笔的 PGA 赛事球场，社区马会、礼堂、美术馆和海岸跑道……这是北国之海，度假天堂，一个海边的桃花源与乌托邦。 阿那亚推崇"有品质的简朴，有节制的丰盛"，这意味着内心的成熟和自足，不是向外抓取，而是向内探寻；意味着对物质主义的反思，回归简朴生活。在追求设计美学基础上最大限度地保留自然呈现的状态；小院儿结合当代的演绎形式，使其在品质上得到独特的升华；结合艺术的表现手法，遵循"少即是多"的原则，空间大量留白。一个插画师的阿那亚小院儿，主人的生活状态体现了一种生活理念，演绎了一种新的生活方式和一种美学观念。

在阿那亚小院儿设计过程中，硬装方面做减法，软装上做加法。更多的思考会放在对空间功能的整体把握上，使功能之美达到最佳的状态，再结合建筑自身肌理，在硬装上以米白色、灰色及原木色为设计主调，搭配以当代艺术品、绿植等元素，体现空间的极致简约和自然之美。

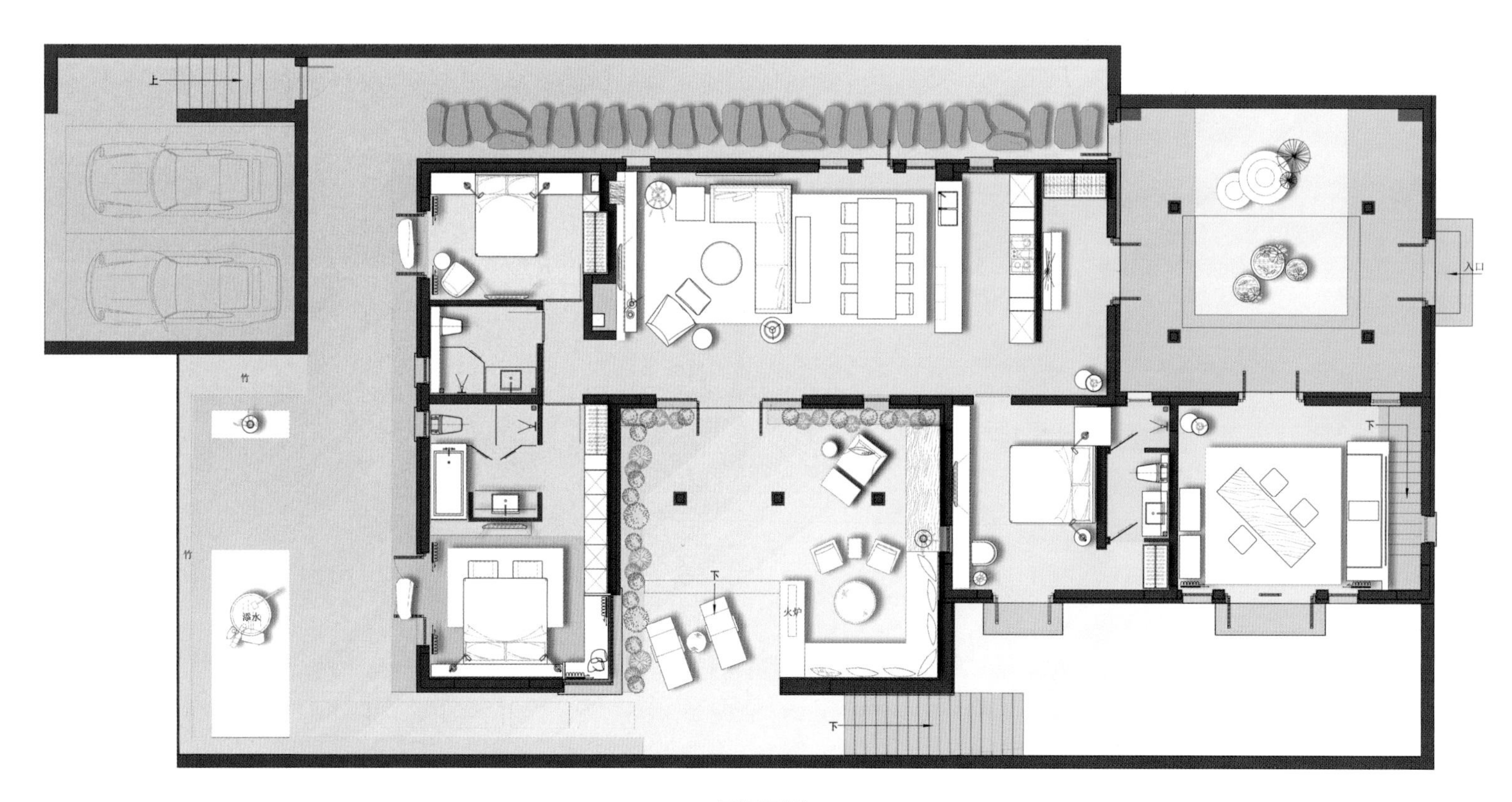

一层平面图

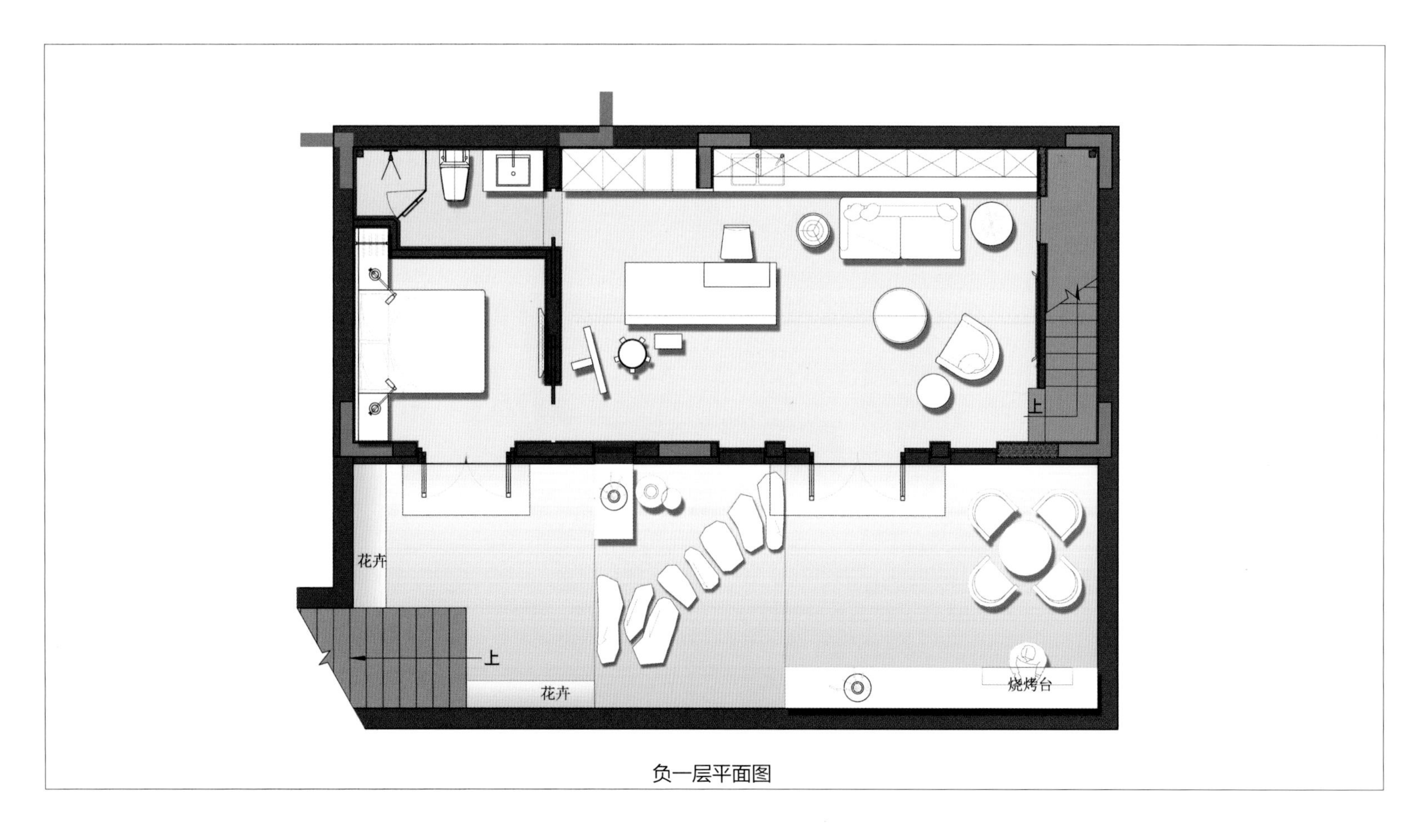

负一层平面图

项目名称 _复地上城 / **主案设计** _兰波 / **项目地点** _重庆市渝北区 / **项目面积** _260 平方米 / **主要材料** _KD 饰面板、黑玻、石材、墙布、木地板

客厅采用开放式的设计手法，黑白作为基调色，金色作为点缀色，提升设计空间的品质感，现代简约的电视背景下面是一个简单的壁炉，烘托出居家的艺术气氛。智能电动窗帘提高居家的科技感和未来感。

室内以质朴的现代简约木条、木质饰面板与硬性的石材玻璃材质结合，大面积的落地玻璃窗，引入户外的自然景观，模糊室内外的界限，向户外延伸。

干净的白色，魅惑的黑色，石纹原色的地板，开阔明亮之际交织着时尚大方的气息，仿佛进入到此空间的人们，都会变得豁然开朗。

二层保留了客户以前的家具，白色的墙布，从一层延伸至二层的木质地板，3D 立体墙画及水泥质感的天花，营造了自然、返璞、唯美的生活场景。二层的阳台是非常重要的内外互动空间，采用折叠滑门的设计，打通了内外之间的联系，把室外的自然景观引入室内，大大提升了建筑与自然的艺术性。

顶灯散着温暖的光，让色调明亮和谐的搭配有节奏地嵌入到家中，温润的大理石加上强劲有力的金属边一柔一刚似奏出一曲完美韵律，为业主每晚都能织一好梦。

卧室空间主要以暖灰色系为基调色，黑白为中间过渡色，黄绿为点缀色，让卧室空间充满生机勃勃、积极向上的感觉。

封铝合金窗
卫生间
书架
写字台
小孩房
展示台
展示柜
楼梯间
衣帽间
封铝合金窗
花坛
石材台面
双人浴缸
观景卫生间
原始外墙
壁龛
休闲椅
休闲厅
主卧
斗柜
折叠门
折叠门
遮阳椅
观景阳台
花坛
鹅卵石铺设

一层平面图

静观

项目名称 _ *静观* / **主案设计** _ *李光政* / **项目地点** _ *江苏省南京市* / **项目面积** _ *276 平方米* / **主要材料** _ *原木饰面*

诗云："万物静观皆自得，四时佳兴与人同。"静观万物，人们其实都可以从中获得自然的乐趣。尤其是生活在这个充满浮躁的世界里，质朴、自然则更加具有美感和吸引力。

越来越注重精神世界充实的现代人，愈发想要营造一方可以静处其中、享受生活的舒适私密空间。而现代人文风的纯净氛围，在满足舒适实用的家居使用之外，精致而不张扬、细节考究、质感细腻，它用简简单单的感觉打造出有温度的家，自成一道独特的靓丽风景。

整体空间采用白色墙面线条处理及原木饰面，传递出含蓄而克制的气质，运用空间中自然光影随时变幻的风貌，阐释着生活的禅意。黑白对比产生的视觉冲击力和简约东方的搭配风格，以质朴、宁静和亲近自然的诉求，自然引发对心灵思考的真实感知。

窗前的白色薄纱帘与空间中的竹子等植物相映成趣，散发出一股儿古朴内敛的气息。选用了一些清浅颜色的家具饰品搭配，营造出柔和感，让家立刻有了一种天然的纯净。黑白灰为主色调更能彰显朴素大气之美。家具皆选择了简单而有质感的款式，延伸出颇具优雅的意境。一家人在其中静静享受岁月的怡然自得。

业主喜欢自然、随意的生活方式。空间里自然流露出的人文气息与屋主气质契合无疑，也正反映了屋主对于纯净简约生活的追求。

Arletta

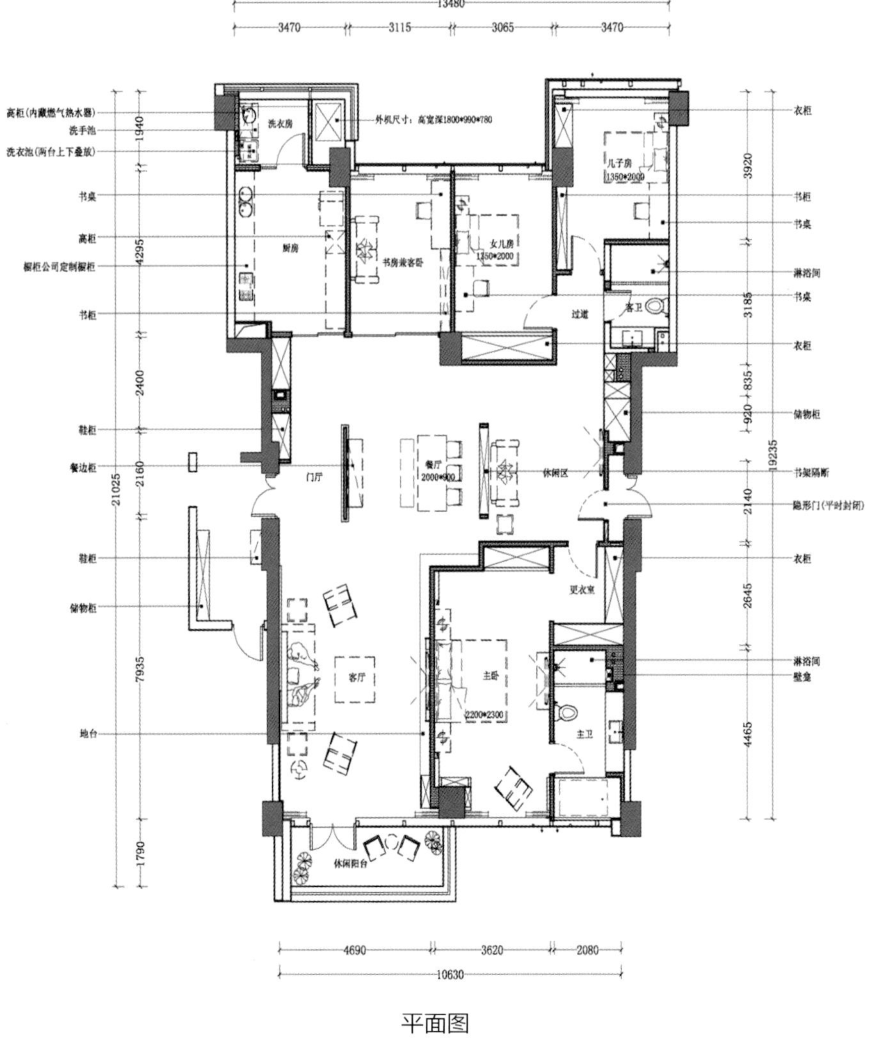

13480
3470
3115
3065
3470
高柜(内藏燃气热水器)
洗手池
洗衣池(两台上下叠放)
书桌
高柜
橱柜公司定制橱柜
书柜
鞋柜
餐边柜
鞋柜
储物柜
地台
1940
4295
2400
2160
7935
1790
21025
洗衣房
外机尺寸：高宽深1800*990*780
厨房
书房兼客卧
女儿房
1350*2000
儿子房
1350*2000
过道
客卫
门厅
餐厅
2000*900
休闲区
更衣室
客厅
主卧
2200*2300
主卫
休闲阳台
衣柜
书柜
书桌
淋浴间
书桌
衣柜
储物柜
书架隔断
隐形门(平时封闭)
衣柜
淋浴间
壁龛
3920
3185
835
920
2140
2645
4465
19235
4690
3620
2080
10630

平面图

DESIGN HOTELS
YEAR BOOK09
callaitalia

住宅 2306

项目名称 _ *住宅 2306* / **主案设计** _ *卢维涛* / **项目地点** _ *广东省深圳市* / **项目面积** _ *68 平方米* / **主要材料** _ *木饰面、木地板、烤漆板（白色）、地砖*

一对年轻夫妻，北方人和南方人。在深圳打拼认识，在一起十年。这是他们靠自己努力打拼买来的第一套房子。从事艺术工作，平时工作很忙，经常出差。

本案设计以年轻人的生活方式去做整体规划跟设计效果，用色块跟结构去拉开整体的功能、材质之间的对比，呈现粗糙与细致。

盥洗台与餐桌的结合放在客厅的中间，开放式的整体空间——厨房、客餐厅、书房以及盥洗台，都传达了一种全新的生活方式：下班回家，主人不管是在喝茶、看书还是在做饭、看电视，两人都可以亲密地面对面地沟通，进行无间隔的交流。现在年轻人最欠缺的就是融洽的沟通与交流。

一个 68 平方的房子，没想到可以通过设计让整个空间感变得大这么多。平时工作忙碌，聚少离多，这个家让业主两个人更亲密无间了。

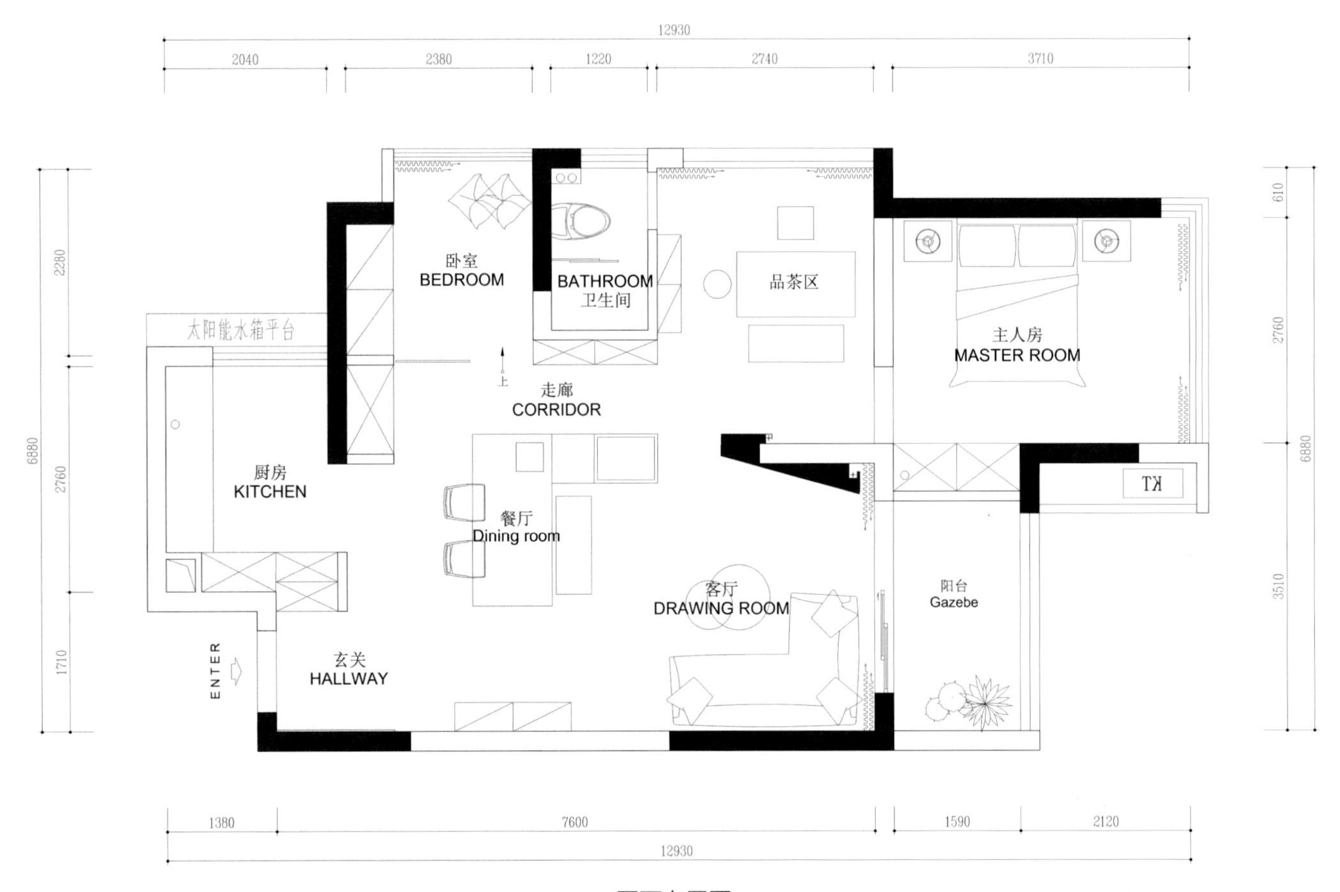
12930
2040
2380
1220
2740
3710
卧室
BEDROOM
BATHROOM
卫生间
品茶区
主人房
MASTER ROOM
太阳能水箱平台
走廊
CORRIDOR
厨房
KITCHEN
餐厅
Dining room
客厅
DRAWING ROOM
阳台
Gazebe
玄关
HALLWAY
ENTER
KT
2280
2760
1710
6880
610
2760
3510
6880
1380
7600
1590
2120
12930

平面布置图

读懂男人你会更幸福
穷人羊性·富人狼性

协信·天骄公园

项目名称 _ 协信 • 天骄公园 / **主案设计** _ 庞一飞 / **参与设计** _ 尹露 / **项目地点** _ 重庆市渝北区 / **项目面积** _89 平方米 / **主要材料** _ 古堡灰石材、镜面不锈钢、软包、地毯、银镜、夹丝玻璃

典雅而不过度的装饰，摒弃镶金镀银的浮华人生，推崇设计的毫无炫耀，是内在的尊贵，低调的奢华，每一处细节都是感人和温馨的。

设计师将“点”与“面”完美结合，强调时尚、品质与实用的重组，强调创新与传统的融合，是一种简洁、舒适而又不忽略细节的优雅。成为追求奢华精致的品味、钟爱高品质浪漫的生活居住者个性品位的象征物语。

设计摒弃了传统美式的厚重，传承了美式的优雅，又结合了简约和通透的现代风格。“简约大气，雅致内敛”——整个空间都渗透着这八个字所孕育的文化内涵和休闲浪漫的生活态度。

整个空间由点及面给人以开阔的视野和舒适的居住体验，让整个家充满了阳光般的生活格调。

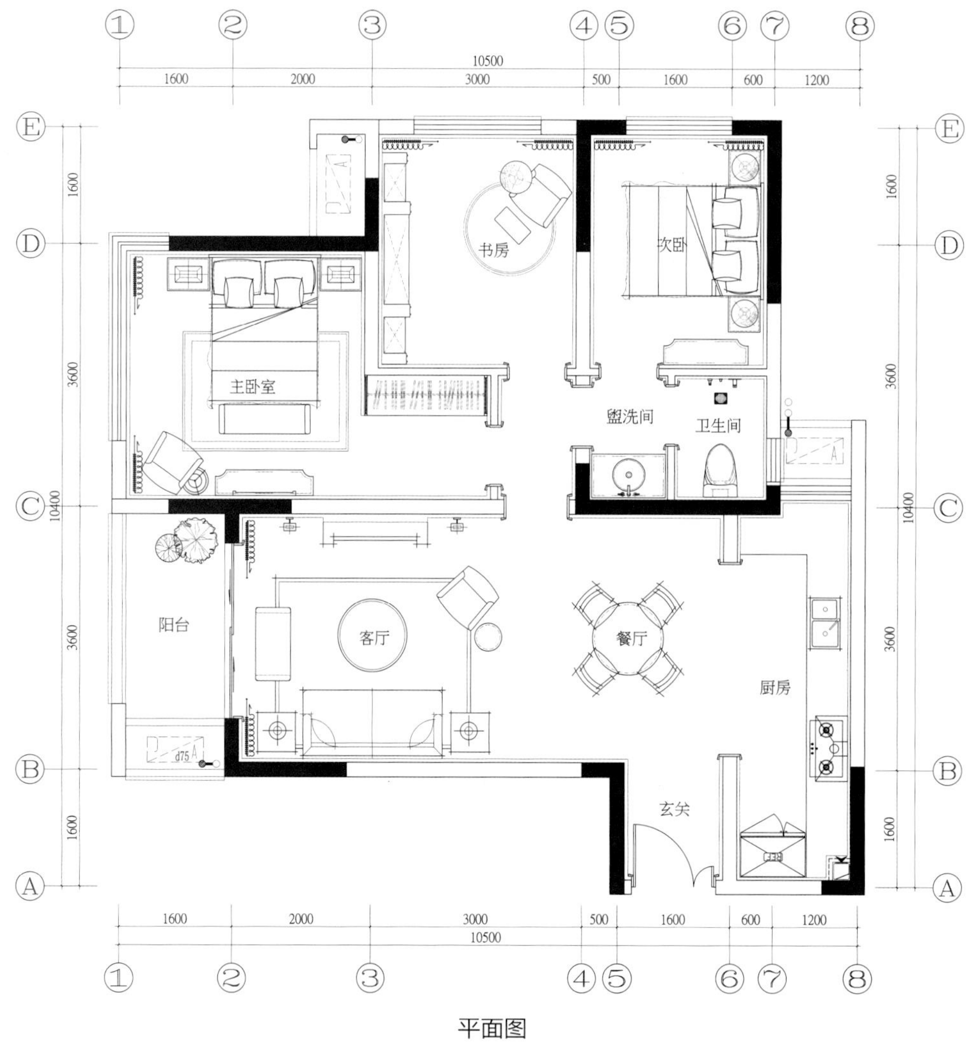
10500
1600
2000
3000
500
1600
600
1200
书房
次卧
主卧室
盥洗间
卫生间
阳台
客厅
餐厅
厨房
玄关
10400
3600

平面图

微风徐来

项目名称 _ *微风徐来* / **主案设计** _ *尚冰* / **项目地点** _ *江苏省徐州市* / **项目面积** _*140 平方米*

本案不刻意地描述某种具象的场景或物件，将中国传统家居中清雅含蓄的经典元素，与现代设计手法相结合，将东方文化的美感融入现代生活。

色彩以烟墨色系为主体基调，点缀极具东方传统气质的祖母绿、孔雀蓝、帝国黄。沿袭了各自的优雅高贵，又在结合之余，创造了新的吸引磁场。

餐厅、卧室及衣帽间，为拥有更多的适用储藏空间，都分别采用借墙加柜的做法。根据客户需求，整个空间动线清晰，功能分配合理。

选材上多取舒适、柔性、温馨的材质组合，使空间既保持着宽敞明亮的视觉观感，又铺陈了儒雅温润的氛围。

此作品为客户整个家庭量身打造，客户满意、舒心，同时达到我们最终想要的设计效果，这就是最好的收获。

ROCKY

主卫
Toilet
衣帽间
Cloakroom
主卧
Master Bedroom
儿童房
Children Room
次卫
Toilet
过道
Aisle
次卧
Second Bedroom
厨房
Kitchen
客厅
Living Room
玄关
Entrance
餐厅
Restaurant
阳台
Balcony

平面图

灵·光——晨朗东方花园

项目名称 _ *灵 • 光——晨朗东方花园* / **主案设计** _ *沈烤华* / **参与设计** _ *潘虹、尤一枫* / **项目地点** _ *江苏省南京市* / **项目面积** _ *200 平方米* / **主要材料** _ *木质*

拉尔夫·瓦尔多·爱默生曾说过：“眼睛是最好的艺术家，光是最好的画家。”
越是找寻，光影越是清晰，或者关于过往的某种影像逐渐显现、也可能是未来……
像晨钟，这缕光的到达，刺穿黑暗，充盈空间。

闲暇之余，一束光、一壶茶、一本书，可以让人感受到不被干扰的宁静。
透过客厅小觑，书房欲掩琵琶半遮面，若隐若现。屋外强烈的光线被客厅的白纱变得无力起来，但却遍照了空间的各个角落，细节多了，画面的情感自然也就丰富起来。

在最雅致的东方文化史里，琴棋书画之外，有个“香”字，就像是文化仪式感的一道引子而存在。但凡人们要进行一些创造性的活动，香都是前戏。那一道缓缓升起的微茫逸气，让内心充满了片刻平静。

每做一个方案，都像是一场仪式，反反复复的琢磨方案、细节和布局，不断地自我推翻和肯定，设计师赋予它的用心，它会反馈于设计师，在作品中画面映射的就是设计者当下的心境，实景呈现凝结的是一种态度和情怀，设计同是修行！
业主的生活相当有规制，譬如一早起来，先喝杯橙汁，听一会儿音乐，吃早餐……不徐不疾，每一步完成后，偶尔骑着心爱的摩托车出去撒野。

13850
2150
3300
2400
1900
3400
休闲阳台
BALCONY
保姆间
SERVICE RM
餐厅
DINING RM
厨房
KITCHEN RM
卫生间
BATHROOM
衣帽间
DRESSING RM
过道
AISLE
主卫
MASTER BATHROOM
次卧
BEDROOM
客厅
LIVING RM
书房
STUDY RM
主卧
MASTER BEDROOM
生活阳台
BALCONY
14600
12400
3500
4600
2800
3700
15200

平面图

浓情墨意

项目名称 _ *浓情墨意* / **主案设计** _ *王坤* / **项目地点** _ *湖北省武汉市* / **项目面积** _ *290 平方米* / **主要材料** _ *板材*

现代中式，以客户为中心!

山水墨意。

居家舒适方便。

工艺上最大化低碳。

布局很好，舒适，实用。